普通高等教育新工科人才培养地球物理学专业

微机原理与
地球物理仪器接口

Microcomputer Principle and
Geophysical Instrument Interface

崔益安　王　璞　肖建平 ⊙ 编

中南大学出版社
www.csupress.com.cn
·长沙·

内容简介

　　本书是为地球物理学专业本科微机原理或计算机基础课程编写的教材，兼顾计算机通识教育与地球物理仪器接口专业知识。从地球物理仪器软硬件开发与应用的角度出发，介绍和阐述计算机系统的基本原理和组成结构，特别是微型计算机系统的工作原理、硬件组成、逻辑实现及可以供地球物理仪器测控的 I/O 接口。本书可以帮助地球物理专业的同学更好地理解和使用在地球物理领域中作为重要工具的计算机，为将来进行地球物理仪器开发和应用、地球物理数据处理软件开发和应用打下坚实的基础。本书内容精炼、结构紧凑、图文并茂，叙述深入浅出、通俗易懂，可作为地球物理类专业或相关专业的本科教材，也可以作为成人教育及各类职业教育的教材。

前　言

"旧时王谢堂前燕，飞入寻常百姓家"，计算机诞生以来经过几十年的发展已经深深融入人类社会生产生活的各个领域，可以说彻底改变了人类的生产生活方式。计算机无论是在科学计算、信息处理与管理、网络与通信、辅助教学与辅助设计，还是在过程控制和仪器仪表控制方面，都是不可或缺的存在。

针对中南大学地球物理学专业本科开设的"微机原理与地球物理仪器接口"特色基础课程，专门编写本书作为配套教材，兼顾计算机通识教育与地球物理学专业知识。现代大型地球物理观测仪器基本上都可以看作计算机化的仪器或仪器化了的计算机，其构成部件中的控制核心和观测数据的存储都与微机原理息息相关。学习微机原理不仅是开发地球物理仪器的必要基础，也可为更好地使用和操作大型地球物理仪器设备提供必要的知识储备。本书从地球物理仪器开发与应用的角度出发，介绍和阐述计算机系统的基本原理和组成结构，特别是微型计算机系统的工作原理、硬件组成、逻辑实现及可供地球物理仪器测控的 I/O 接口。本书可以帮助地球物理专业的学生更好地理解和使用在地球物理领域中作为重要工具的计算机，为将来进行地球物理仪器或地球物理数据处理软件的开发和应用打下坚实的基础。

全书共 8 章，以 80x86 系列微型计算机为例，全面、系统地介绍现代微机的工作原理、基本结构及计算机与地球物理仪器的接口技术。第 1 章为计算机信息表示，主要讲述进位计数制、不同进制数转换、二进制运算和数据信息表示。第 2 章对计算机硬件组织与工作原理进行概述，重点介绍冯·诺依曼计算机结构、工作原理和微型计算机系统。第 3 章介绍微处理器，阐述微处理器的组成结构、CPU 寄存器、微处理器的工作模式、工作过程及外部功能特性等内容。第 4 章讲述计算机存储器，介绍了半导体存储器、计算机存储层次结构、计算机内存储器、存储器管理、存储器接口、高速缓存和虚拟存储器等内容。第 5 章主要介绍了微型计算机的总线和 I/O 系统的概况。第 6 章为寻址方式与指令系统，详细阐述了计算机的数据与转移地址的寻址方式及数据传送指令、算术运算指令等计算机指令系统。第 7 章介绍汇编语言，讲述了汇编语言的基本结构与概念、汇编语言语句、ROM BIOS 中断和 DOS 系统功能、汇编语言程序上机过程与程序设计。第 8 章介绍计算机与地球物理仪器接口，讲述了地球物理仪器基本构架、并行接口及串行接口。

本书编写过程中参考了大量国内外的文献资料，特别是清华大学、中国科学技术大学等兄弟院校许多优秀的微机原理教材，特此感谢。

本书博采众家之所长，并结合地球物理专业的微机原理相关课程教学和地球物理仪器设计开发的实践经验，对内容进行了精心的组织编排，力求精简、突出重点、通俗易懂，且与专业结合紧密，特色鲜明。

由于编者水平有限，书中存在差错和不当之处，敬请广大读者批评、不吝赐教！

编者

2023 年 6 月于岳麓山

目　录

第1章　计算机信息表示

计算机的主要功能是帮助人们进行数值计算及处理各种信息。数值计算和信息处理涉及数值、字符、表格、图形、音频、视频等各种各样的人们所熟知的信息数据。而计算机对这些信息所进行的运算、处理与存储，都是由数字逻辑电路完成的。由于数字逻辑电路只能处理0、1这样的二进制信息，因此，在学习计算机工作原理之前有必要了解计算机是如何表示各类信息的。首先我们了解一下二进制信息的计量单位，如"位"和"字节"等。

二进制的每一位（0或1）是组成二进制信息的最小单位，称为1比特（bit），简称"位"，一般用小写字母"b"表示。比特是数字系统和计算机中信息存储、处理和传输的最小单位。

计算机中稍大一点的二进制信息计量单位是"字节"（byte），一般用大写字母"B"表示。1字节等于8比特，它所包含的8个二进制位常按"$b_7b_6b_5b_4b_3b_2b_1b_0$"的顺序排列。

计算机中使用各种不同的存储器来存储二进制信息。为了描述存储器存储二进制信息的多少（存储容量），常采用KB（千字节）、MB（兆字节）、GB（吉字节）、TB（太字节）等计量单位，且均采用2的幂次的表示形式，如下所示：

1 KB = 2^{10} B = 1024 B；

1 MB = 2^{20} B = 1024 KB；

1 GB = 2^{30} B = 1024 MB；

1 TB = 2^{40} B = 1024 GB。

用于描述信息传输速率的计量单位则与描述存储容量的计量单位有所不同，且均采用10的幂次的表示形式，经常用到的计量单位有：

Kbps（kbit/s，千比特/秒），1 Kbps = 10^3 bps = 1000 bps；

Mbps（Mbit/s，兆比特/秒），1 Mbps = 10^6 bps = 1000 Kbps；

Gbps（Gbit/s，吉比特/秒），1 Gbps = 10^9 bps = 1000 Mbps；

Tbps（Tbit/s，太比特/秒），1 Tbps = 10^{12} bps = 1000 Gbps。

1.1　进位计数制

进位计数制（简称进位制）是指用一组固定的数字符号和特定的规则表示数的方法。在人们日常生活和工作中，最熟悉和最常用的是十进制，此外还有十二进制、六十进制等。在数字系统和计算机领域，常用的进位计数制是二进制、八进制及十六进制。

研究和讨论进位计数制的问题涉及两个基本概念，即基数和权。在进位计数制中，一种进位制所允许选用的基本数字符号（也称数码）的个数称为这种进位制的基数。不同进位制的基数不同。例如在十进制中，选用0~9这10个数字符号来表示，因此它的基数是10；而在二进制中，选用0和1这两个数字符号来表示，因此它的基数是2。

同一个数字符号处在不同的数位时，它所代表的数值是不同的，每个数字符号所代表的数值等于它本身乘以一个与它所在数位对应的常数，这个常数称为位权，简称权(weight)。例如，十进制数个位的位权是1，十位的位权是10，百位的位权是100，以此类推。一个数的数值等于该数的各位数码乘相应位权的总和。例如：

$$1978(十进制数) = 1\times1000+9\times100+7\times10+8\times1$$

十进制数有10个不同的数字符号(0、1、2、3、4、5、6、7、8、9)，即它的基数为10。每个数位计满10就向高位进位，即它的进位规则是"逢十进一"。任何一个十进制数，都可以用一个多项式来表示，例如：

$$528.25(十进制数) = 5\times10^2+2\times10^1+8\times10^0+2\times10^{-1}+5\times10^{-2}$$

上式中，等号右边的表示形式称为十进制数的多项式表示法，也叫按权展开式。等号左边的形式，称为十进制的位置记数法。位置记数法是一种与位置有关的表示方法，同一个数字符号处于不同的数位时，所代表的数值不同，即其权值不同。容易看出，上式各位的权值分别为10^2、10^1、10^0、10^{-1}、10^{-2}。

二进制数的基数$R=2$，即它所用的数字符号个数只有2个(0和1)。它的计数进位规则为"逢二进一"。在二进制中，由于每个数位只能有两种不同的取值(要么为0，要么为1)，所以特别适合使用仅有两种状态(如导通、截止；高电平、低电平等)的开关元件来表示，一般是采用电子开关元件，目前绝大多数采用半导体集成电路的开关器件来实现。一个二进制数也可以用类似十进制数的按权展开式来展开，例如，二进制数10101.101可以写成：

$$(10101.101)_2 = 1\times2^4+0\times2^3+1\times2^2+0\times2^1+1\times2^0+1\times2^{-1}+0\times2^{-2}+1\times2^{-3}$$

二进制数的一个优点是它只有两种数字符号，因而便于数字系统与计算机内部的表示与存储。它的另一个优点是运算规则简单，而这必然导致运算电路简单及相关控制简化。

八进制数的基数$R=8$，每位可以取8个不同的数字符号0、1、2、3、4、5、6、7中的任何一个，进位规则是"逢八进一"。由于3位二进制数刚好有8种不同的数位组合，所以1位八进制数可以用3位二进制数来表示，如表1-1所示。

表1-1　八进制数与二进制数的对应关系

八进制数	0	1	2	3	4	5	6	7
二进制数	000	001	010	011	100	101	110	111

把一个八进制数每位变换为3位二进制数，再组合在一起就变成了与该八进制数相等的二进制数。

【例1-1】　将八进制数67转换为二进制数。

查表1-1可知，八进制数6和7对应的二进制数分别为110和111，所以：

$$(67)_8 = (110111)_2$$

显然，用八进制比二进制书写更简短、易读，而且八进制与二进制间的转换也较方便。

十六进制数的基数 $R=16$，每位数字用 16 个数字符号 0、1、2、3、4、5、6、7、8、9、A、B、C、D、E、F 中的一个表示，进位规则是"逢十六进一"。由于 4 位二进制数刚好有 16 种不同的数位组合，所以 1 位十六进制数可以用 4 位二进制数来表示，如表 1-2 所示。

表 1-2　十六进制数与二进制数的对应关系

十六进制数	0	1	2	3	4	5	6	7
二进制数	0000	0001	0010	0011	0100	0101	0110	0111
十六进制数	8	9	A	B	C	D	E	F
二进制数	1000	1001	1010	1011	1100	1101	1110	1111

把一个十六进制数的每位变换为 4 位二进制数，再组合在一起就变成了与该十六进制数相等的二进制数。

【例 1-2】 将十六进制数 98 转换为二进制数。

查表 1-2 可知，十六进制数 9 和 8 对应的二进制数分别为 1001 和 1000，所以：

$$(98)_{16} = (10011000)_2$$

可以看出，使用八进制或十六进制表示具有如下优点：

①容易书写、阅读，也便于记忆。

②容易转换成可用电子开关元件存储、记忆的二进制数。所以，它们是数字系统和计算机中普遍采用的数据表示形式。

1.2　不同进制数转换

一个数从一种进制表示变成另外一种进制表示，称为数的进制转换。实现这种转换的方法是多项式替代法和基数乘除法。

1.2.1　二进制数转换为十进制数

【例 1-3】 将二进制数 10101.101 转换为十进制数。

只要将二进制数用多项式表示法写出，并在十进制系统中运算，即按十进制的运算规则算出相应的十进制数值即可。

$$
\begin{aligned}
(10101.101)_2 &= 1×2^4+0×2^3+1×2^2+0×2^1+1×2^0+1×2^{-1}+0×2^{-2}+1×2^{-3} \\
&= (2^4+2^2+2^0+2^{-1}+2^{-3})_{10} \\
&= (16+4+1+0.5+0.125)_{10} \\
&= (21.625)_{10}
\end{aligned}
$$

从这个例子可以看出，求某二进制数的十进制表示形式，只需把该二进制数的按权展开式写出，并在十进制系统中计算，所得结果就是该二进制数的十进制形式，即实现了由二进制数到十进制数的转换。

用类似的方法可将八进制数转换为十进制数。如将例 1-1 中的八进制数 67 转换为十进制数：

$$(67)_8 = (6×8^1+7×8^0)_{10} = (55)_{10}$$

采用这种多项式表示的方法可以很简便地实现二进制数及其他进制数与十进制数之间的转换。

1.2.2 十进制数转换为二进制数

我们首先看看十进制整数怎么转换为二进制整数。十进制整数转换为二进制整数的基本方法可称为"基数除法"或"除基取余法"，其思路是除基取余，直至商为 0，余数倒序（从右至左）排列，如例 1-4 所示。

【例 1-4】 将十进制数 21 转换为二进制整数。演算过程表示如下：

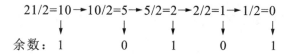

从右至左倒序依次取得的余数组合就是求取的二进制整数，即（10101）$_2$。需要强调的是，要倒序排列余数。

同样地，采用"除 8 取余"或"除 16 取余"的方法，即可将一个十进制整数转换为八进制整数或十六进制整数。一般地，可以将一个给定的十进制整数转换为任意进制的整数，只要用所要转换的进制数的基数去连续除给定的十进制整数，最后将每次得到的余数依次按倒序列出，即可得到所要转换的进制数。

而将十进制小数转换为二进制小数的基本思路为乘基取整，直至积剩 0，取得的整数顺序（从左至右）排列，该方法被称为"基数乘法"或"乘基取整法"。

【例 1-5】 将十进制小数 0.625 转换成二进制小数。演算过程表示如下：

$$0.625×2=1.25 \rightarrow 0.25×2=0.5 \rightarrow 0.5×2=1.0 \rightarrow 0$$

取整：　1　　　　　　　0　　　　　　1

从左至右顺序依次取得的整数组合就是求取的二进制小数，即（0.101）$_2$。需要强调的是，与前面整数转换需要倒序排列不同，这里是顺序排列。

思考：将十进制小数 0.2 转换成二进制小数是多少？

同样地，这个方法也可推广到十进制小数转换为任意进制的小数，只需用所要转换的进制数的基数去连续乘给定的十进制小数，每次得到的整数部分即依次为所求进制数小数的各位数，其中最先得到的整数部分应是所求进制数小数的最高有效位。

如果一个数既有整数部分又有小数部分，则可用前述的"除基取余法"及"乘基取整法"分别将整数部分与小数部分进行转换，然后与整数部分合并起来就可得到所求结果。如将例 1-3 中的十进制数 21.625 转换为二进制数，把二进制整数（10101）$_2$ 与二进制小数（0.101）$_2$ 合并就可得到：

$$(21.625)_{10} = (10101.101)_2$$

1.3　二进制运算

1.3.1　算术运算

二进制数的算术运算规则非常简单,具体如下。

(1)加法运算

二进制加法规则:0+0=0,0+1=1,1+0=1,1+1=10(逢二进一)。

(2)减法运算

二进制减法规则:0-0=0,1-0=1,1-1=0,0-1=1(借一当二)。

(3)乘法运算

二进制乘法规则:0×0=0,0×1=0,1×0=0,1×1=1。如1011×1010:

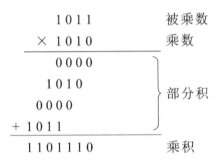

可以看出,在二进制乘法运算中,若相应的乘数位为1,则把被乘数照写一遍,只是它的最后一位应与相应的乘数位对齐(这实际上是一种移位操作)。若相应的乘数位为0,则部分积各位均为0。当所有的乘数位与被乘数都乘过之后,再把各部分积相加,便得到最后乘积。所以,实质上二进制数的乘法运算可以归结为“加”(加被乘数)和“移位”两种操作。

(4)除法运算

二进制数的除法是乘法的逆运算,这与十进制数的除法是乘法的逆运算一样。因此利用二进制数的乘法及减法规则可以实现二进制数的除法运算。

1.3.2　逻辑运算

计算机能够实现的另一种基本运算是逻辑运算。逻辑运算与算术运算有着本质上的区别,它是按位进行的,其运算的对象及运算结果只能是 0 和 1 这样的逻辑量。这里的 0 和 1 并不具有数值大小的意义,而仅仅具有如“真”和“假”、“是”和“非”这样的逻辑意义。二进制数的逻辑运算实际上是将二进制数的每一位都看成逻辑量进行运算。

计算机基本的逻辑运算有逻辑“或”、逻辑“与”和逻辑“非”3 种,常用的还有逻辑“异或”运算等。

(1)逻辑“或”

逻辑“或”也称逻辑加,其运算规则为:两个逻辑量中只要有一个为1,其运算结果就为1;只有当两个逻辑量全为0时,其运算结果才为0,可简述为“见1为1,全0为0”。逻辑“或”的运算符号为“∨”或“+”。具体如下所示:

$$0 \vee 0 = 0 \ \text{或} \ 0+0=0$$
$$0 \vee 1 = 1 \ \text{或} \ 0+1=1$$
$$1 \vee 0 = 1 \ \text{或} \ 1+0=1$$
$$1 \vee 1 = 1 \ \text{或} \ 1+1=1$$

【例1-6】 $10110 \vee 00001 = 10111$

逻辑"或"运算常用于将一个已知二进制数的某一位或若干位置1,而其余各位保持不变。例如,欲将二进制数10110的最低位置1,而其余各位保持不变,就可用00001与之进行逻辑"或"运算来实现。

$$
\begin{array}{r}
1\,0\,1\,1\,0 \\
\vee\ \ 0\,0\,0\,0\,1 \\
\hline
1\,0\,1\,1\,1
\end{array}
$$

(2)逻辑"与"

逻辑"与"也称逻辑乘,其运算规则为:两个逻辑量中只要有一个为0,其运算结果就为0;只有当两个逻辑量全为1时,其运算结果才为1。可简述为"见0为0,全1为1"。逻辑"与"的运算符号为"$\wedge$"或"$\times$"。具体如下所示:

$$0 \wedge 0 = 0 \ \text{或} \ 0\times0=0$$
$$0 \wedge 1 = 0 \ \text{或} \ 0\times1=0$$
$$1 \wedge 0 = 0 \ \text{或} \ 1\times0=0$$
$$1 \wedge 1 = 1 \ \text{或} \ 1\times1=1$$

【例1-7】 $10110 \times 11100 = 10100$

逻辑"与"运算常用于将一个已知二进制数的某一位或若干位置0,而其余各位保持不变。例如,欲将二进制数10110的低2位置0,而其余各位保持不变,就可用11100与之进行逻辑"与"运算来实现。

$$
\begin{array}{r}
1\,0\,1\,1\,0 \\
\wedge\ \ 1\,1\,1\,0\,0 \\
\hline
1\,0\,1\,0\,0
\end{array}
$$

(3)逻辑"非"

逻辑"非"也称逻辑反,运算规则很简单,即按位取反。1"非"为0,0"非"为1。其运算符号为"–"或"$\neg$"。

$$\overline{1} = 0 \qquad \overline{0} = 1$$

(4)逻辑"异或"

逻辑"异或"又称模2加,其运算规则是参与运算的2个对应数位如果相同(比如同为"0",或同为"1"),则为0;如果不同(比如一个为"0",另一个为"1"),则为1。可简述为"相同为0,不同为1"。其运算符号为"$\forall$"或"$\oplus$"。

$$0 \forall 0 = 0 \ \text{或} \ 0\oplus0=0$$
$$0 \forall 1 = 1 \ \text{或} \ 0\oplus1=1$$
$$1 \forall 0 = 1 \ \text{或} \ 1\oplus0=1$$

$$1 \forall 1 = 0 \text{ 或 } 1 \oplus 1 = 0$$

【例 1-8】　$10110 \forall 00011 = 10101$

逻辑"异或"运算常用于将一个已知二进制数的某些位取反而其余各位保持不变的操作。例如，欲将 10110 的低 2 位取反而其余各位保持不变，就可以用 00011 与之进行逻辑"异或"运算来实现。

$$\begin{array}{r} 1\,0\,1\,1\,0 \\ \forall\quad 0\,0\,0\,1\,1 \\ \hline 1\,0\,1\,0\,1 \end{array}$$

1.3.3　移位运算

移位运算是二进制数的又一种基本运算。计算机指令系统中都设置有各种移位指令。移位分为逻辑移位和算术移位两大类。

（1）逻辑移位

所谓逻辑移位，通常是把操作数当成纯逻辑代码，没有数值含义，因此没有符号与数值变化的概念。操作数也可能是一组无符号的数值代码（即无符号数），通过逻辑移位可对其进行判别或进行某种加工。逻辑移位可分为逻辑左移、逻辑右移、循环左移和循环右移。逻辑左移是将操作数的所有位同时左移，最高位移出原操作数之外，最低位补 0。逻辑左移一位相当于将无符号数乘以 2。

例如，将 01100101 逻辑左移一位后变成 11001010，相当于：

$$(01100101)_2 \times (10)_2 = (11001010)_2$$

$$\begin{array}{r} 0\,1\,1\,0\,0\,1\,0\,1 \\ \times\qquad\quad 1\,0 \\ \hline 0\,0\,0\,0\,0\,0\,0\,0 \\ 0\,1\,1\,0\,0\,1\,0\,1 \\ \hline 1\,1\,0\,0\,1\,0\,1\,0 \end{array}$$

逻辑右移是将操作数的所有位同时右移，最低位移出原操作数之外，最高位补 0。逻辑右移一位相当于将无符号数除以 2。例如，将 10010100 逻辑右移一位后变成 01001010，相当于 $(10010100)_2 \div (10)_2 = (01001010)_2$。

循环左移就是将操作数的所有位同时左移，并将移出的最高位放置在最低位。循环左移的结果不会丢失被移动的数据位。例如，将 10010100 循环左移一位后变成 00101001。

循环右移就是将操作数的所有位同时右移，并将移出的最低位放置在最高位。它也不会丢失被移动的数据位。例如，将 10010100 循环右移一位后变成 01001010。

（2）算术移位

算术移位是把操作数当作带符号数（将在下一节介绍）进行移位，所以在算术移位中，必须保持符号位不变，例如一个正数在移位后还是正数。如果由于移位操作使符号位发生了改变（由 1 变 0，或由 0 变 1），则应通过专门的方法指示出错信息（如将"溢出"标志位置 1）。

与逻辑移位类似,算术移位可分为算术左移、算术右移、循环左移和循环右移。算术左移的移位方法与逻辑左移相同,就是将操作数的所有位同时左移,最高位移出原操作数之外,最低位补0。算术左移一位相当于将带符号数(补码)乘以2。算术右移是将操作数的所有位同时右移,最低位移出原操作数之外,最高位不变。算术右移一位相当于将带符号数(补码)除以2。

算术移位的循环左移和循环右移的操作与前述逻辑移位的循环左移和循环右移相同,都是不丢失移出原操作数的位,而将其放置在操作数的另一端。

1.4 数据信息表示

电子计算机是基于二进制的数字系统,所有程序和数据信息都是以二进制形式存放在由能表示"0"或"1"两种状态的存储元件构成的寄存器或存储单元中。对于数据信息,可以分为数值信息和非数值信息。而数值信息又可以根据小数点是否固定分为定点数和浮点数,其中定点数有定点小数和定点整数之分。根据是否有正负号,定点数还可分为无符号数和有符号数。

1.4.1 机器数

我们知道,数一般有正有负,即有符号。数的符号在计算机中也只能用二进制数码来表示。如可以规定在数的前面设置一位符号位,正数符号位用0表示,负数符号位用1表示。这样,数的符号标识就被"数码化"了。即带符号数的数值和符号统一由数码形式(仅用0和1两种数字符号)来表示。

例如,二进制正数+1011001,在计算机中表示为01011001;二进制负数−1011001,在计算机中表示为11011001。这样表示后,第1位(也称最高位)代表对应数的符号,为符号位,后面的位代表对应数的数值,称为数值位。

为了区别原来的数与它在计算机中的表示形式,将一个数(连同符号)在计算机中加以数码化后的表示形式,称为机器数,而把机器数所代表的实际值称为机器数的真值。例如,上面例子中的+1011001与−1011001为真值,它们在计算机中对应的01011001与11011001为机器数。

在将数的符号用数码(0或1)表示后,数值部分究竟是保留原来的形式,还是按一定规则做某些变化,这要取决于运算方法的需要。机器数有3种常见形式,即原码、补码和反码。

1.4.2 机器数码制

(1)原码

原码是一种比较直观的机器数表示形式。约定数码序列中的最高位为符号位,符号位为0表示该数为正数,为1表示该数为负数;其余有效数值部分则用二进制的绝对值表示。例如:

$$
\begin{array}{ll}
\text{真值} x & [x]_\text{原} \\
+1011001 & 01011001 \\
-1011001 & 11011001 \\
+0.1011001 & 0.1011001 \\
+0.1011001 & 1.1011001
\end{array}
$$

若有定点小数原码序列为 $x_0 x_1 x_2 \cdots x_n$，则

$$
[x]_\text{原} = \begin{cases} x & 0 \leq x < 1 \\ 1-x & -1 < x \leq 0 \end{cases} \tag{1-1}
$$

式中：x 为真值；$[x]_\text{原}$ 为原码表示的机器数。例如：

$x = +0.1011$，则 $[x]_\text{原} = 0.1011$。

$x = -0.1011$，则 $[x]_\text{原} = 1-(-0.1011) = 1+0.1011 = 1.1011$。

若定点整数原码序列为 $x_0 x_1 x_2 \cdots x_n$，则

$$
[x]_\text{原} = \begin{cases} x & 0 \leq x < 2^n \\ 2^n - x & -2^n < x \leq 0 \end{cases} \tag{1-2}
$$

例如：$x = +1011$，则 $[x]_\text{原} = 01011$。

$x = -1011$，则 $[x]_\text{原} = 2^4 - (-1011) = 10000 + 1011 = 11011$。

需要注意的是，在式（1-1）和式（1-2）中，有效数值位是 n 位（即 $x_1 \sim x_n$），连同符号位是 $n+1$ 位。

原码表示形式具有如下特点：

①原码表示形式中，真值 0 有两种表示形式。以定点小数的原码表示形式为例：

$[+0]_\text{原} = 0.00\cdots0$。

$[-0]_\text{原} = 1-(-0.00\cdots0) = 1+0.00\cdots0 = 1.00\cdots0$。

②在原码表示形式中，符号位不是数值的一部分，它仅是人为约定（0 正 1 负），所以符号位在运算过程中需要单独处理，不能当作数值的一部分直接参与运算。

原码表示形式简单直观，而且容易由其真值求得，相互转换也较方便。但计算机在用原码做加减运算时比较麻烦。例如当两个数相加时，如果同号，则数值相加，符号不变；如果异号，则数值部分实际上是相减，此时必须比较两个数的绝对值的大小，才能确定减数和被减数，并要确定结果的符号。这种情况在手工计算时是容易解决的，但在计算机中，为了判断是同号还是异号，在比较绝对值的大小时就要增加机器的硬件设备，并增加机器的运行时间。为此，人们找到了更适合计算机运算的其他机器数表示法。

（2）补码

为了理解补码的概念，我们先讨论一个日常生活中校正时钟的例子。假定时钟停在 8 点，而正确的时间为 4 点，要拨准时钟可以有两种不同的拨法，一种是倒拨 4 格，即 8-4=4（做减法）。另一种是顺拨 8 格，即 8+8=12+4=4（做加法，钟面上 12=0）。这里顺拨（做加法）与倒拨（做减法）的结果之所以相同，是由于钟面的容量有限，其刻度是十二进制，超过 12 以后又从 0 开始计数，自然丢失了 12。此处 12 是溢出量，又称为模（mod）。这就表明，在舍掉进位的情况下，"从 8 中减去 4" 和 "往 8 上加 8" 所得的结果是一样的。而 4 和 8 的和恰好等于模数 12。我们把 8 称作-4 对于模数 12 的补码。

计算机中的运算受一定字长的限制，它的运算部件与寄存器都有一定的位数，因而在运

算过程中也会产生溢出量,所产生的溢出量实际上就是模。可见,计算机的运算也是一种有模运算。

在计算机中不单独设置减法器,而是采用补码表示法,把减去一个正数看成加上一个负数,并把该负数用补码表示,然后按加法运算规则进行计算。当然,在计算机中不是像上述时钟例子那样以 12 为模,在定点小数的补码表示形式中以 2 为模。

下面分别给出定点小数与定点整数的补码定义:

若定点小数的补码序列为 $x_0x_1x_2\cdots x_n$,则

$$[x]_{补}=\begin{cases} x & 0\leqslant x<1 \\ 2+x & -1\leqslant x<0 \end{cases} \quad (\text{以 2 为模}) \qquad (1-3)$$

式中:x 为真值;$[x]_{补}$ 为补码表示的机器数。

例如:$x=+0.1011$,则 $[x]_{补}=0.1011$。

$x=-0.1011$,则 $[x]_{补}=2+(-0.1011)=10.0000-0.1011=1.0101$。

若定点整数的补码序列为 $x_0x_1x_2\cdots x_n$,则

$$[x]_{补}=\begin{cases} x & 0\leqslant x<2^n \\ 2^{n+1}+x & -2^n\leqslant x<0 \end{cases} \quad (\text{以 } 2^{n+1} \text{ 为模}) \qquad (1-4)$$

例如:$x=+1011$,则 $[x]_{补}=01011$。

$x=-1011$,则 $[x]_{补}=2^5+(-1011)=100000-1011=10101$。

补码表示形式具有如下特点:

①在补码表示形式中,最高位 x_0(符号位)表示数的正负,虽然在形式上与原码表示形式相同,即"0 正 1 负",但与原码表示形式不同的是,补码的符号位是数值的一部分,因此在补码运算中符号位像数值位一样直接参与运算。

②在补码表示形式中,真值 0 只有一种表示形式,即 $00\cdots0$。另外,根据以上介绍的补码和原码表示形式的特点,容易发现由原码转换为补码的规律。即当 $x>0$ 时,原码与补码的表示形式完全相同。当 $x<0$ 时,从原码转换为补码的变化规律为:符号位保持不变(仍为 1),其他各位取反,然后末位加 1,简称"取反加 1"。

例如:$x=0.1010$,则 $[x]_{原}=0.1010$,$[x]_{补}=0.1010$。

$x=-0.1010$,则 $[x]_{原}=1.1010$,$[x]_{补}=1.0110$。

当 $x<0$ 时,若把 $[x]_{补}$ 除符号位外各位"取反加 1",即可得到 $[x]_{原}$。也就是说,对一个补码表示的数,再次求补,可得该数的原码。

(3)反码

反码与原码相比,两者的符号位一样。即对于正数,符号位为 0;对于负数,符号位为 1。但在数值部分,对于正数,反码的数值部分与原码相同;对于负数,反码的数值部分是原码的按位取反,反码也因此而得名。

与补码相比,正数的反码与补码表示形式相同;而负数的反码与补码的区别是末位少加一个 1。因此不难由补码的定义推出反码的定义。

若定点小数的反码序列为 $x_0x_1x_2\cdots x_n$,则

$$[x]_{反}=\begin{cases} x & 0\leqslant x<1 \\ (2-2^{-n})+x & -1<x\leqslant0 \end{cases} \quad (\text{以 } 2-2^{-n} \text{ 为模}) \qquad (1-5)$$

式中：x 为真值；$[x]_{反}$ 为反码表示的机器数。

若定点整数的反码序列为 $x_0x_1x_2\cdots x_n$，则

$$[x]_{反}=\begin{cases} x & 0\leqslant x<2^n \\ (2^{n+1}-1)+x & -2^n<x\leqslant 0 \end{cases} \quad (以\ 2^{n+1}-1\ 为模) \qquad (1-6)$$

0 在反码表示形式中有两种形式，例如，在定点小数的反码表示中：

$$[+0]_{反}=0.00\cdots0$$
$$[-0]_{反}=1.11\cdots1$$

如上所述，由原码表示形式容易得到相应的反码表示形式。例如：

$$x=+0.1001,\ [x]_{原}=0.1001,\ [x]_{反}=0.1001$$
$$x=-0.1001,\ [x]_{原}=1.1001,\ [x]_{反}=1.0110$$

现在反码一般已不单独使用，而主要作为求补码的一个中间步骤来使用。补码是现代计算机系统中表示负数的基本方法。

（4）移码

由于原码、补码、反码的大小顺序与其对应的真值大小顺序不是完全一致的，所以为了方便地比较数的大小（如浮点数的阶码比较），通常采用移码表示法，并常用其来表示整数。

若有定点整数移码序列为 $x_0x_1x_2\cdots x_n$，则

$$[x]_{移}=2^n+x,\ -2^n\leqslant x<2^n$$

式中：x 为真值；$[x]_{移}$ 为 x 的移码。可见移码表示法实质上是把真值 x 在数轴上向正方向平移 2^n 单位，移码也由此而得名。

若 $x=+1011$，则 $[x]_{移}=2^4+x=10000+1011=11011$。

若 $x=-1011$，则 $[x]_{移}=2^4+x=10000-1011=00101$。

移码是把真值映射到一个正数域，因此移码的大小可以直观地反映真值的大小。无论是正数还是负数，用移码表示后，都可以按无符号数比较大小。

移码的数值部分与相应的补码各位相同，符号位与补码相反。在移码中符号位为 0 表示真值为负数，符号位为 1 表示真值为正数。

移码为全 0 时，它对应的真值最小。真值 0 在移码中的表示形式是唯一的，即

$$[\pm0]_{移}=2^n\pm000\cdots0=1000\cdots0$$

（5）码制小结

原码、补码、反码和移码均是计算机能识别的机器数，机器数与真值不同，它是一个数（连同符号）在计算机中加以数码化后的表示形式。

正数的原码、补码和反码的表示形式相同，负数的原码、补码和反码各有不同的定义，它们的表示形式不同，相互之间可依据特定的规则进行转换。

4 种机器数形式的最高位 x_0 均为符号位。原码、补码和反码表示形式中，x_0 为 0 表示正数，x_0 为 1 表示负数；在移码表示形式中，x_0 为 0 表示负数，x_0 为 1 表示正数。

原码、补码和反码均可用来表示浮点数（后面将介绍）中的尾数，而移码主要用来表示阶码。

0 在补码和移码表示形式中是唯一的，而在原码和反码表示形式中都有两种不同的表示形式。

1.4.3 定点数与浮点数

按照对小数点处理方法的不同，数值型数据的表示方法可分为定点表示法和浮点表示法，用这两种方法表示的数分别称为定点数和浮点数。

（1）定点数

定点表示法约定计算机中所有数的小数点位置固定不变。它又分为定点小数和定点整数两种形式。

定点小数是指约定小数点固定在最高数值位之前、符号位之后，机器中所能表示的数为二进制纯小数，数 x 记作 $x_0x_1x_2\cdots x_n$，其中 $x_i=0$ 或 1，$0\leq i\leq n$，其编码格式为：

符号位 x_0 用来表示数的正负。小数点的位置是隐含约定的，硬件中并不需要用专门的电路来具体表示这个"小数点"。$x_1x_2\cdots x_n$ 是数值部分，也称尾数，尾数的最高位 x_1 称为最高数值位。

在正定点小数中，如果数值位的最后一位 x_n 为 1，前面各位都为 0，则数 x 的值最小，即 $x_{min}=2^{-n}$；如果数值位全部为 1，则数 x 的值最大，即 $x_{max}=1-2^{-n}$。所以正定点小数 x 的表示范围为 $2^{-n}\leq x\leq 1-2^{-n}$。

定点整数是指约定小数点固定在最低数值位之后，机器中所能表示的数为二进制纯整数，数 x 记作 $x_0x_1x_2\cdots x_n$，其中 $x_i=0$ 或 1，$0\leq i\leq n$，其编码格式为：

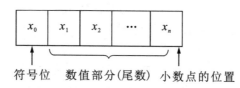

在正定点整数中，如果数值位的最后一位 x_n 为 1，前面各位都为 0，则数 x 的值最小，即 $x_{min}=1$；如果数值位全部为 1，则数 x 的值最大，即 $x_{max}=2^n-1$。所以正定点整数 x 的表示范围为 $1\leq x\leq 2^n-1$。

（2）浮点数

实际的数值计算中，经常会涉及各种大小不一的数。采用上述定点表示法，相当于采用固定的比例因子来处理范围大小不一的数，很难兼顾既要防止溢出又要保持数据的有效精度两方面的要求。为了协调数的表示范围与精度的关系，可以让小数点的位置随着比例因子的不同而在一定范围内自由浮动，这就是数的浮点表示法。

在浮点数的编码中，数据代码分为尾数和阶码两部分。尾数表示有效数字，阶码表示小数点的位置。加上符号位，浮点数通常表示为：

$$N=(-1)^S\times M\times R^E$$

式中：M 为浮点数的尾数；R 为基数；E 为阶码；S 为该数的符号位。在计算机中，基数 R 取定值为 2，是一个常数，在系统中是约定好的，不需要用代码表示。数据编码中的尾数 M 用定点小数的形式表示，它决定了浮点数的表示精度。在计算机中，浮点数通常用如下格式表示：

S	E	M

其中，S 是符号位，占 1 位(0 正 1 负)；E 是阶码，占符号位之后的若干位；M 是尾数，占阶码之后的若干位。

　　合理地分配阶码 E 和尾数 M 所占的位数是十分重要的，分配的原则是应使二进制表示的浮点数既有足够大的数值范围，又有所要求的数值精度。

　　【例 1-9】　设浮点数表示法中，$S=0$，$E=4$，$M=0.1000_2$，试分别求出 $R=2$ 和 $R=16$ 时表示的数值。

　　解：当 $R=2$ 时，表示的数值为 $(-1)^0 \times 0.1000_2 \times 2^4 = 8$

　　当 $R=16$ 时，表示的数值为 $(-1)^0 \times 0.1000_2 \times 16^4 = 32768$

　　因为计算机表示信息的位数是有限的，为了使计算机在运算过程中不丢失有效数字，并提高运算精度，通常采用规格化的办法，使尾数的绝对值保持在某个范围之内。如果阶码以 2 为底，则规格化浮点数的尾数 M 的绝对值应满足：

$$\frac{1}{2} \le |M| < 1$$

　　也就是说，当尾数用原码表示时，规格化浮点数的尾数最高位 $M_1=1$，当尾数用补码表示时，正数规格化浮点数的尾数最高位 $M_1=1$，而负数规格化浮点数的尾数最高位 $M_1=0$，所以补码规格化浮点数的尾数有 0.1××…×和 1.0××…×(×表示 0 或 1)两种形式。因此补码尾数最高位是否与符号位相反可以作为判断浮点数是否为规格化数的标志。

　　浮点数规格化可以通过尾数的移位并相应调整阶码来实现。尾数右移一位，阶码加 1，称为右规；相反的，尾数左移一位，阶码减 1，称为左规。

　　【例 1-10】　将浮点数 0.00101×2^0 和 -0.00101×2^0 转换成规格化数表示形式。

　　解：浮点数 0.00101×2^0 是正数，其符号位为 0，在规格化时应将尾数左移 2 位，阶码减 2，从而使小数点后第一位为 1，规格化后为 0.10100×2^{-2}。

　　浮点数 -0.00101×2^0 为负数，符号位为 1，尾数的补码表示为 1.11011，规格化时应将尾数左移 2 位，阶码减 2，从而使小数点后第一位为 0，规格化后表示为 1.0110×2^{-2}。当一个浮点数的尾数为 0 时，不论它的阶码为何值，该浮点数的值都为 0。当阶码的值为计算机能表示的最小值或更小的值时，不管其尾数为何值，计算机都把该浮点数看成 0 值，通常称其为机器 0，此时该浮点数的所有位(包括阶码位和尾数位)都为 0 值。

　　在计算机中很多数值数据通常以规格化浮点数的形式进行存储，并以规格化浮点数形式进行运算。如果运算结果是非规格化的浮点数，则要进行规格化处理。也就是说，运算结果应在保存之前被规格化。

　　虽然浮点数表示方式已被现代计算机系统普遍采用，但不同的计算机的表示方法可能不一致，比如尾数长度、阶码长度都有所不同。为了协调一致，IEEE(电气电子工程师学会)对浮点数的编码格式进行了统一标准化，于 1985 年发布了 IEEE754 浮点标准。其目的是实现不同计算机之间的软件移植，目前大多数微处理器和编译器都采用了这个标准。

IEEE754 浮点标准定义的浮点数格式如下所示：

● 短实数(32 位格式)：

31	30	23	22	0
S	E_7 $\cdots$ E_0		M_1 $\cdots$ M_{23}	

S：符号位(1=尾数为负数，0=尾数为正数)。

$E_7\cdots E_0$：阶码(8 位，偏移值为 127)。

$M_1\cdots M_{23}$：尾数(23 位，加隐含位 $M_0=1$)。

● 长实数(64 位格式)：

63	62	52	51	0
S	E_{10} $\cdots$ E_0		M_1 $\cdots$ M_{52}	

S：符号位(1=尾数为负数，0=尾数为正数)。

$E_{10}\cdots E_0$：阶码(11 位，偏移值为 1023)。

$M_1\cdots M_{52}$：尾数(52 位，加隐含位 $M_0=1$)。

● 临时实数(80 位格式)：

79	78	64	63	0
S	E_{14} $\cdots$ E_0		M_0 $\cdots$ M_{63}	

S：符号位(1=尾数为负数，0=尾数为正数)。

$E_{14}\cdots E_0$：阶码(15 位，偏移值为 16383)。

$M_0\cdots M_{63}$：尾数(64 位)。

上述浮点数有 32 位、64 位和 80 位 3 种格式，分别称为短实数(short real)、长实数(long real)和临时实数(temporary real)。短实数又称为单精度浮点数，长实数又称为双精度浮点数，临时实数又称为扩展精度浮点数。

在 IEEE754 浮点标准的浮点数格式中，符号位 S 仍然用 0 表示正数，1 表示负数。

对于 32 位格式，阶码为 8 位，正常数的阶码 E 的取值范围为 1~254，偏移值为 127。尾数 M 可以取任意的 23 位二进制数值，加上隐含的 M_0(恒为 1)位，可达到 24 位的运算精度。32 位的单精度浮点数代码所对应的数值公式为：

$$(-1)^S\times 1.M\times 2^{E-127}$$

IEEE754 浮点标准中的浮点数一般都表示成规格化的形式。如上式所示，在 IEEE754 浮点标准的规格化浮点数表示中，其尾数的最高位 M_0 总是 1，且它和小数点一样隐含存在，在机器中并不明确表示出来，只需在数值转换时在公式中加上这个 1 即可。这种处理方式称为隐藏位技术，可以提高 1 位数据的表示精度。

阶码 E 是一个带偏移的无符号整数，从中减去相应的偏移值即为浮点数的实际阶码值。对于单精度浮点数而言，由于阶码 E 的偏移值为 127，所以，阶码 E 的取值范围(1~254)所表示的实际阶码值为−126~+127。而对于双精度浮点数而言，阶码取值范围为 1~2046，偏移值为 1023，所表示的实际阶码值为−1022~+1023。64 位的双精度浮点数代码所对应的数值公式为：

$$(-1)^S\times 1.M\times 2^{E-1023}$$

【例 1-11】　试写出十进制数 20.59375 的 IEEE754 浮点标准单精度浮点数代码。

解：先将 20.59375 转换为二进制形式 10100.10011，相应的 IEEE754 浮点标准的规格化形式为 1.010010011×2^4。

根据 IEEE754 浮点标准中的单精度浮点数的数值公式 $(-1)^S \times 1.M \times 2^{E-127}$：

$$S=0，M=010010011，E=4+127=131=10000011$$

所以，20.59375 的 IEEE754 浮点标准单精度浮点数代码为：

$$0\ 10000011\ 010\ 0100\ 1100\ 0000\ 0000\ 0000$$

【例 1-12】　试给出如下 IEEE754 浮点标准单精度浮点数代码的十进制数表示。

$$0100\ 0001\ 0011\ 0110\ 0000\ 0000\ 0000\ 0000$$

解：符号位 $S=0$；

阶码 $E=10000010=(130)_{10}$；

尾数 $M=01101100000000000000000$；

根据 IEEE754 浮点标准中的单精度浮点数代码的数值公式，可得所求十进制数为：

$$(-1)^0 \times (1.011011) \times 2^{130-127}=1.011011 \times 2^3=1011.011=(11.375)_{10}$$

第 2 章　计算机硬件组织与工作原理

　　"计算"是人类生产生活过程中的重要活动，一直伴随着人类文明的发展。从新石器时代的结绳记数开始，人们面对农业、商业中的难题，不得不借用简单的计算工具。久而久之，算筹取代了手边随意捡拾的石子与兽骨，算盘又取代了算筹，甚至还出现了计算尺。无论是算筹、算盘还是计算尺，都需要人参与具体计算过程和计算细节。那么有没有不需要人参与具体计算过程，给定输入后就可以自动得到计算结果的自动计算工具呢？德国科学家W. Schickard 制造了第一台机械计算机，这台被称为"计算钟"的机器能够自动进行六位数的加减乘除运算。后来人们用各种方式制造出精巧的机器，让机器完成简单的计算，这是很大的飞跃，因为它把人从具体的计算过程中解放出来了。

　　20 世纪初，物理学和电子学科学家们就开始争论制造可以进行数值计算的机器应该采用什么结构。人们被十进制这个人类习惯的计数方法所困扰。所以，那时研制模拟计算机的呼声更为强烈。20 世纪 30 年代中期，匈牙利科学家冯·诺依曼大胆提出，抛弃十进制，采用二进制作为数字计算机的数制基础。同时，他还提出预先编制计算程序，然后由计算机按照人们事前设定的计算顺序来执行数值计算工作。1945 年 6 月，冯·诺依曼提出了在数字计算机内部的存储器中存放程序的概念。这是所有现代电子计算机的模板，被称为"冯·诺依曼结构"，按这一结构制造的计算机称为存储程序计算机，又称为通用计算机。冯·诺依曼计算机主要由运算器、控制器、存储器和输入、输出设备及提供部件之间信息传输通道的总线组成。它的特点包括：程序以二进制代码的形式存放在存储器中，所有的指令都由操作码和地址码组成，指令按照执行的顺序进行存储，以运算器和控制器作为计算机结构的中心等。

2.1　冯·诺依曼计算机结构

　　算盘是中国古代甚至近现代都被广泛使用的一种计算辅助工具，迄今已有超过 2000 年的历史，是中国古代的一项重要发明。算盘承载着古老算学的一种特殊计算方法——珠算，不仅能进行基础的加减乘除四则运算，还能计算乘方与开方。下面我们通过一个简单的算例来回顾一下使用算盘进行计算的过程。

　　给定一个算盘、一张表格纸和一支笔，要求计算：

$$y = ax + b - c$$

通过简单的分析，我们可以把计算的步骤和数据都记录在表格纸上，如表 2-1 所示。

表 2-1 算盘计算步骤和数据

行数	解题步骤和数据	说明
1	取数（8）→算盘	(8)表示第8行的数 a，下同
2	乘法（11）→算盘	完成 $a \times x$，结果在算盘上
3	加法（9）→算盘	完成 $ax+b$，结果在算盘上
4	减法（10）→算盘	完成 $ax+b-c$，结果在算盘上
5	存数 y→12	算盘上的 y 值记到第12行
6	输出	写出算盘上的 y 值
7	停止	运算完毕，暂停
8	a	数据
9	b	数据
10	c	数据
11	x	数据
12	y	数据

　　在这个使用算盘进行计算的算例中，我们用到了算盘、人本身(主要是大脑和手)、表格纸和笔，这些可以统称为功能部件。算盘主要用于对计算数据进行加、减、乘、除等算术运算，而人本身则控制整个计算的过程。表格纸用来记录计算过程的所有原始信息，包括计算步骤和计算数据。笔则主要用于把计算步骤和计算数据等原始信息，以及计算结果记录到纸上。

　　类似地，电子计算机进行计算时也需要相应的功能部件。冯·诺依曼提出的计算机基本结构由运算器、控制器、存储器、输入设备和输出设备，以及信息传输总线组成，如图 2-1 所示。

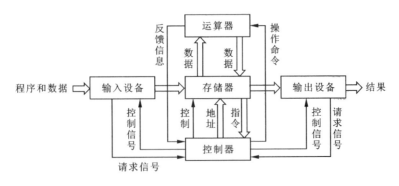

图 2-1　冯·诺依曼计算机基本组成框图

计算机开始工作前，程序和数据通过输入设备被送入存储器中。程序被执行时，控制器输出地址及控制信号，并从相应的存储单元中取出指令后送到控制器中进行识别，以及分析该指令执行什么运算或操作，然后控制器根据指令发出操作命令。例如将某存储单元中存放的数据取出并送往运算器进行运算，再把运算结果送回存储器的指定单元中。当指定的运算或操作完成后，结果通过输出设备显示。通常将运算器和控制器合称为中央处理器（central processing unit，CPU），CPU 和存储器一起构成计算机的主机部分，而输入设备和输出设备称为外围设备。计算机的主机部分与外围设备一起构成了计算机的设备实体——计算机硬件。自第一台计算机发明以来，计算机系统的技术已经得到了很大的发展，但计算机硬件系统的基本结构没有发生变化，仍然属于冯·诺依曼体系结构计算机。

2.1.1 运算器

运算器的主要核心是算术逻辑单元 ALU（arithmetic and logic unit）。其主要任务是执行各种算术运算和逻辑运算。算术运算是指各种数值运算，比如加、减、乘、除等。逻辑运算是进行逻辑判断的非数值运算，比如与、或、非、比较、移位等。计算机的全部运算都是在运算器中完成的，根据指令规定的寻址方式，运算器从存储器或寄存器中取得操作数，进行计算后，将结果送回指令所指定的寄存器中。运算器的核心部件是加法器和若干个寄存器，加法器用于运算，寄存器用于存储参加运算的各种数据及运算结果。

运算器除了算术逻辑单元这个核心部件外，还有一个能在运算开始时提供操作数并在运算结束后存放运算结果的累加寄存器（accumulator register），以及通用寄存器组和有关控制逻辑电路等。功能较强的计算机的运算器还具有专门的乘除法部件与浮点运算部件。

2.1.2 控制器

控制器是对输入的指令进行分析，并统一指挥和控制计算机各部件协调工作、完成一定任务的功能部件。它一般由指令寄存器、状态寄存器、指令译码器、时序电路和控制电路组成。

控制器从存储器中逐条取出指令，翻译指令，并产生各种控制信号。同时控制器还要接收外围设备的请求信号及运算器操作状况的反馈信息，以决定下一步的工作任务。所以控制器是整个计算机的操作控制中枢，它依据程序指令决定计算机在何时如何工作。为了让各种操作能按照一定的时序进行，计算机内设有一套时序信号来体现时间标志。计算机的各个功能部件按照统一的时钟或节拍信号，一个节拍一个节拍地快速而有秩序地完成各种操作任务。通常将一条指令的整个执行时间定义为一个指令周期（instruction cycle），它包含若干个时钟节拍（也称时钟周期）。时钟周期是计算机操作的最小时间单位，它由计算机的统一时钟信号——主频来决定。

计算机最基本的不可再分的简单操作叫作"微操作"，控制微操作的命令信号叫"微命令"，它是比"指令"更基本、更小的操作命令，如开启某个控制电位、清除某个寄存器或将数据输入某个寄存器等。通常一条指令的执行就是通过一串微命令的执行来实现的。控制器的基本任务就是根据各种指令的要求，综合有关的逻辑条件和时间条件，产生相应的微命令，从而驱动相应的硬件完成指令操作。

控制器和运算器通常集成在一块芯片上，同时还集成若干寄存器，称为中央处理单元（central processing unit）或中央处理器，一般简称 CPU。

2.1.3 存储器

存储器是计算机用来存放程序和数据的记忆装置，是计算机能够实现存储程序功能的基础。

根据存储器和CPU的关系，存储器可分为主存储器（简称主存或内存）和外存储器（简称外存或辅存）。主存储器是CPU可以直接对它进行读出或写入（也称访问）的存储器，用来存放当前正在使用或经常要使用的程序和数据。它的容量较小，速度较快，但一般价格相对较高。外存储器用来存放相对来说不经常使用的程序和数据，在需要时与内存储器进行信息传输，CPU不能直接对外存储器进行访问。外存储器的特点是存储容量大，价格相对较低，但存取速度较慢。外存储器通常由磁表面记录介质构成，如磁盘、磁带等。从计算机的整体来看，磁盘等外存储器属于计算机存储系统的一部分，但又不属于主机，而属于外部设备。

如图2-2所示，主存储器通常由存储体和有关的控制逻辑电路组成。存储体一般是由半导体存储元件组成的一个信息存储阵列，必须通过有关的控制逻辑电路才能实现对存储体中程序和数据信息的存取。存储体被划分为若干个存储单元，每个单元存放一串二进制信息，也称存储单元的内容。为了便于存取，每个存储单元有一个对应的编号，称为存储单元的地址。如果把存储单元的"地址"看成宿舍的"房号"，那么其存储的"内容"就是这个"房号"对应房间里面住的"人员"。当CPU要访问某个存储单元时，必须首先给出地址，送入存储器的地址寄存器（memory address register，MAR），然后经译码电路选取相应的存储单元。从存储单元读出的信息先送入存储器的数据寄存器（memory data register，MDR），再传送到目的部件。写入存储器的信息也要先送至存储器的数据寄存器中，再依据给定的地址把数据写入相应存储器单元中。

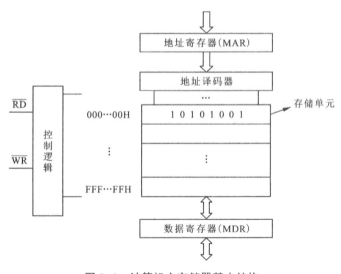

图2-2 计算机主存储器基本结构

计算机对存储器进行读、写操作，控制器除了要给出地址外，还要给出启动读、写操作的控制信号（如读操作控制信号 $\overline{\text{RD}}$，写操作控制信号 $\overline{\text{WR}}$）。

2.1.4　输入、输出设备

输入设备用来接收操作者或其他设备提供的原始信息，并将其转变为计算机能够识别的二进制信息，再送到计算机内部进行处理。普通计算机最常用的输入设备有键盘和鼠标器等。键盘由一组开关矩阵组成，包括数字键、字母键、符号键、功能键及控制键等。每一个按键在计算机中都有唯一编码。当按下某个键时，键盘接口将该键的二进制代码送入计算机主机中，并将按键字符显示在显示器上。鼠标器是一种手持式屏幕坐标定位设备，它是为适应菜单操作的软件和图形处理环境而出现的一种输入设备，在现今流行的图形操作系统环境下应用鼠标器方便快捷。

输出设备是计算机将各种计算处理结果、数据等信息以人或其他设备能够识别和接受的形式(如数字、字符、图像、声音等)输送出来。常用的输出设备有显示器、打印机等。显示器又称监视器，是实现人机对话的主要工具。它既可以显示键盘输入的命令或数据，也可以显示计算机数据处理的结果。打印机是将计算机的处理结果打印在纸张上的输出设备。人们常把显示器的输出称为软拷贝，把打印机的输出称为硬拷贝。

2.1.5　总线

总线(bus)是一组为系统部件之间传送信息的公用信号线，是计算机各种功能部件之间传送信息的公共通信干线，它是由导线组成的传输线束。如果说计算机是一座城市，那么总线就像城市里的公共交通系统，能按照固定线路，传输来回不停运作的比特信息。

按照计算机所传输的信息种类，计算机的总线可以划分为数据总线、地址总线和控制总线，分别用来传输数据、数据地址和控制信号。总线是一种内部结构，它是 CPU、内存、输入、输出设备传递信息的公用通道。主机的各个部件通过总线连接，外部设备通过相应的接口电路与总线连接，从而形成计算机硬件系统。

2.2　计算机工作原理

我们再来回顾一下上节提到的用算盘计算 $y=ax+b-c$ 的算例，其计算的具体步骤详细记录在表 2-1 中。我们可以把表 2-1 中每个步骤定义为一条特定的指令，如表 2-2 所示。

表 2-2　各计算步骤及相应定义指令

行数	解题步骤和数据	定义指令
1	取数(8)→算盘	取数指令
2	乘法(11)→算盘	乘法指令
3	加法(9)→算盘	加法指令
4	减法(10)→算盘	减法指令
5	存数 y→12	存数指令
6	输出	输出指令
7	停止	控制指令

采用这样的方式把计算过程按照统一的标准分解成一系列基本操作,再把每一个基本操作定义为一条指令,则解算某个问题就可以由一串指令序列来完成。如果进一步把这些指令用二进制编码来表示,就可以真正由计算机进行处理了。计算机就是采用这种方式来解算问题的,该指令序列称为相应问题的计算程序,简称程序。需要指出的是,此定义的指令仅有操作码部分,大多数计算机真正可以执行的指令还需要操作数部分,下面将详细介绍。

2.2.1 指令与程序

指令是用来指挥和控制计算机执行某种操作的命令。通常,一条指令包括两个基本组成部分,即操作码部分和操作数部分。其格式如下:

操作码	操作数

其中操作码部分用来指出操作性质,如加法运算、减法运算、移位操作等;操作数部分用来指明操作数(即参与运算的数)或操作数的地址。

一台计算机通常有几十种甚至上百种基本指令。我们把一台计算机所能识别和执行的全部指令称为该机的指令系统。指令系统是反映计算机的基本功能及工作效率的重要标志。它是计算机的使用者编制程序的基本依据,也是计算机系统结构设计的出发点。

指令的操作码和操作数在机器内部均以二进制形式表示。它们各自所占的二进制位数决定了指令操作类型的数量及操作数的地址范围。例如,若前述算盘算例中定义的指令格式中操作码占 3 位(bit),则该计算任务一共有 8 种($2^3=8$)不同操作性质的指令,如表 2-3 所示。

表 2-3　定义指令及相应操作码

定义指令	操作码
取数指令	101
乘法指令	011
加法指令	001
减法指令	010
存数指令	110
输出指令	111
控制指令	000

该算盘算例的所有步骤和数据占据 12 行(表 2-1),需要 12 个地址编码来表示。相应指令的操作数可用 4 位(bit)二进制码,最多可表示 16 个($2^4=16$)不同的操作数(或操作数地址)。该算例对应完整的包含操作码与操作数的指令序列如表 2-4 所示。

表 2-4　算例对应的指令序列

行数	解题步骤和数据	指令序列(二进制表示)
1	取数(8)→算盘	101 1000
2	乘法(11)→算盘	011 1011
3	加法(9)→算盘	001 1001
4	减法(10)→算盘	010 1010
5	存数 y→12	110 1100
6	输出	111 1100
7	停止	000
8	a	a(二进制)
9	b	b(二进制)
10	c	c(二进制)
11	x	x(二进制)
12	y	y(二进制)

　　不同的指令对应不同的二进制操作码。从形式上看,指令和二进制表示的数据并无区别,但它们的含义和功能是不同的。指令的这种二进制表示方法使计算机能够把由指令构成的程序像数据一样存放在存储器中。这就是存储程序计算机的重要特点。计算机能够方便地识别和执行存放在存储器中的二进制代码指令。为了让计算机求解一个数学问题,或者做一件复杂的工作,总是先要把解决问题的过程分解为若干步骤,然后用相应的指令序列,按照一定的顺序去控制计算机完成。这样的指令序列就称为程序。

2.2.2　计算机工作原理

　　计算机在运行程序时,先从内存中取出第一条指令,通过控制器的译码,按指令的要求,从存储器中取出数据进行指定的运算和逻辑操作等,然后按地址把结果送到内存中。接下来,取出第二条指令,在控制器的指挥下完成规定操作,依此进行下去,直至遇到停止指令。程序与数据一样存取,按程序编排的顺序,一步一步取出指令,自动完成指令规定的操作是计算机最基本的工作原理。这一原理最初是由美籍匈牙利数学家冯·诺依曼于 1945 年提出来的,故称为冯·诺依曼原理。冯·诺依曼体系结构计算机的工作原理可以概括为八个字:存储程序、程序控制,如图 2-3 所示。

　　存储程序是指将解题的步骤编成程序(通常由若干指令组成),并把程序存放在计算机的存储器中(指主存或内存)。程序控制是指从计算机主存中读出指令并送到计算机的控制器,控制器根据当前指令的功能,控制计算机执行指令规定的操作,完成指令的功能。之后重复这一操作,直到程序中的指令执行完毕。

　　按照冯·诺依曼存储程序的原理,计算机在执行程序时须先将要执行的相关程序和数据放入内存中,在执行程序时 CPU 根据当前程序指针寄存器的内容取出指令并执行,然后取出

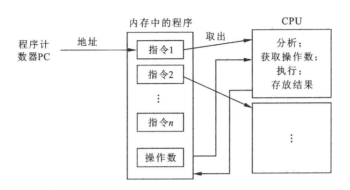

图 2-3　冯·诺依曼体系结构计算机工作原理

下一条指令并执行，如此循环，直到程序结束指令出现才停止执行。其工作过程就是不断地取出指令和执行指令，最后将计算结果放入指令指定的存储器地址单元中。

2.2.3　计算机工作流程

在介绍计算机的基本工作流程之前需要了解计算机的基本结构。我们已经知道了冯·诺依曼体系结构计算机的主要组成部分，为了更好地理解，图 2-4 展示了其更为具体的概念性核心结构。

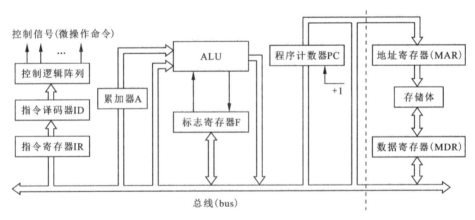

图 2-4　计算机概念性核心结构

计算机概念性核心结构主要由 CPU（包含运算器和控制器）、存储器及信息传输总线构成。CPU 负责实现指令的分析、执行及数据的运算和处理等功能，存储器负责存放指令和数据，而总线负责提供各部件间传送信息的公共通道。

计算机要实现程序控制，必须具有最基本的功能部件。这些功能部件包括程序计数器、指令寄存器、指令译码器、控制逻辑阵列、累加器、算术逻辑部件、标志寄存器等。

程序计数器（program counter，PC）也称指令计数器，用来指出计算机将要执行的指令所在存储单元的地址，具有自动增量计数的功能。我们已经知道，程序由指令序列组成，指令序列被存放于存储器中，要从存储器中取出指令，必须首先给出指令所在存储单元的地址。当程序被执行时，CPU 总是把 PC 的内容作为地址去访问存储器，并从指定的存储单元中取出一条指令并加以译码和执行。与此同时，PC 的内容必须自动转换成下一条指令的地址，为取出下一条指令做好准备。一般情况下，指令是按顺序一条接一条执行的，指令所在存储单元的地址也是按顺序排列的，所以在这种情况下，每取出一条指令，PC 就自动增量修改，给出下一条指令的地址，以便程序顺序往下执行；但是有时会出现指令不是按顺序执行（即出现程序"转移"）的情况，此时 CPU 就把一个新的地址（即转移目标地址）送往 PC，下一条指令就按这一新的地址从存储器中取出并加以执行，从而使程序的执行由一个程序段转向另一个程序段。在计算机的指令系统中，专门设有一些转移指令，用来实现程序在特定情况下的转移。

指令寄存器（instruction register，IR）保存着计算机当前正在执行或即将执行的指令。

指令译码器（instruction decoder，ID）对指令进行译码，以确定指令的性质和功能。

控制逻辑阵列产生一系列微操作命令信号。当微操作的条件（如指令的操作性质、各功能部件送来的反馈信息、工作节拍信号等）满足时，控制逻辑阵列就发出相应的微操作命令，以控制各个部件的微操作。

累加器（A）是一个在运算前存放操作数而在运算结束时存放运算结果的寄存器。它也用于 CPU 与存储器和 I/O 接口电路间的数据传送。

算术逻辑单元（ALU）是用来进行算术运算与逻辑运算的部件。

标志寄存器（F）用来反映和保存运算的部分结果，如结果是否为 0，结果的正、负，运算时是否产生进位，是否发生溢出等。另外，CPU 的某种内部控制信息（如是否允许中断等）也反映在标志寄存器中。通常称前者为状态标志，后者为控制标志。

有了这些基本功能部件，计算机就可以按顺序执行指令，实现程序控制。每执行一条指令，先要从存储器中把它取出来，经过译码分析之后，再去执行该指令所规定的操作。一条指令的执行过程可以分为 3 个基本阶段，即取指令、分析指令和执行指令。具体执行指令的操作过程如下：

①开始执行程序时，程序计数器 PC 中保存第一条指令的地址，它指明了当前将要执行的指令存放在存储器的哪一个单元。

②控制器把 PC 中保存的指令地址送往存储器的地址寄存器（MAR），并发出"读命令"。存储器按给定的地址读出指令，经由数据寄存器（MDR）送往控制器，保存在指令寄存器 IR 中。

③指令译码器 ID 对指令寄存器 IR 中的指令进行译码，分析指令的操作性质，并由控制逻辑阵列向存储器、运算器等有关部件发出微操作命令。

④当需要由存储器向运算器提供操作数时，控制器根据指令的地址部分，形成操作数所在的存储器单元地址，并送往存储器的 MAR，然后向存储器发出"读命令"。

⑤存储器读出的数据经由 MDR 直接送往运算器。与此同时，控制器命令运算器对数据进行指令规定的运算。

⑥一条指令执行完毕后，控制器就要接着执行下一条指令。为了把下一条指令从存储器中取出来，通常控制器把 PC 的内容自动加上一个值，以形成下一条指令的地址；而在遇到转移指令时，控制器则把"转移地址"送往 PC。总之，PC 中存放的是下一条指令所在存储单元的地址。控制器不断重复上述过程的（2）~（6），每重复一次，就执行一条指令，直到整个程

序执行完毕。

在了解了指令执行过程后就容易理解计算机的整个工作流程。使用计算机处理实际问题时，必须事先把求解的问题分解为计算机能执行的基本运算，即在上机之前，应当依据一定的算法把求解的问题编写成相应的计算程序。程序由一条一条的基本指令组成，每一条指令都规定了计算机应执行什么操作及操作数的地址。当把编写好的程序和它需要的原始数据通过输入设备(如键盘)输入计算机并运行后，计算机就能自动按指定的顺序逐步执行程序中的指令，直到计算出需要的结果，最后通过输出设备(如显示器)将结果显示出来。

现在我们用计算机来求解前述算盘算例问题：$y=ax+b-c$。首先需要把分解好的计算步骤用相应的二进制进行编码，形成指令序列，也就是完成程序编写。然后把编写好的计算程序及原始数据 a、b、c 和 x 输入存储器中。最后运行程序，计算机就会按计算程序自动进行操作。

①从存储器(单元地址 1000)取出被乘数 a，送到运算器。

②从存储器(单元地址 1011)取出乘数 x，送到运算器，进行 $a×x$ 的乘法操作，在运算器中求得中间结果 ax。

③从存储器(单元地址 1001)取出加数 b，送到运算器，进行 $ax+b$ 的加法操作，在运算器中求得 $ax+b$ 结果。

④从存储器(单元地址 1010)取出减数 c，送到运算器，进行 $(ax+b)-c$ 的减法操作，在运算器中求得 $(ax+b-c)$ 结果。

⑤将运算器中的最后结果 $(ax+b-c)$ 存入存储器(单元地址 1100)。

⑥由输出设备将最后结果输出。

⑦计算过程结束，停机。

2.3　微型计算机系统

计算机硬件(hardware)通常泛指构成计算机的设备实体。例如，前面介绍的控制器、运算器、存储器、输入设备和输出设备等部件和设备，都是计算机硬件。一个计算机系统应包含哪些部件，这些部件按什么结构方式相互连接成有机的整体，各部件应具备何种功能，采用什么样的器件和电路构成，在工艺上如何进行组装等，都属于硬件的技术范畴。但计算机如果只有硬件还不能实现程序控制自动计算，还需要有相应的程序和数据的支持。

计算机软件(software)通常泛指各类程序和数据。它们实际上由特定算法及其在计算机中的表示(体现为二进制代码序列)所构成。计算机软件一般包括系统软件和应用软件。由计算机厂家提供、为了方便使用和管理计算机工作的软件(如操作系统、数据库管理系统等)称为系统软件。为解决用户的特定问题而编写的软件(如科学计算、过程控制、文字处理等软件)称为应用软件。

硬件系统和软件系统一起构成一个完整的可以工作的计算机系统，正如人的身体和思想一样，缺一不可。

随着计算机硬件及软件技术的不断发展，硬件与软件开始向相互补充、相互融合的方向发展。两者之间的界限也在不断改变。原来由硬件实现的一些操作可以改由软件实现，称为硬件软化，它可以增加系统的灵活性和适应性。相反，原来由软件实现的操作也可以改由硬件来实现,称为软件硬化。软件硬化可以有效地发挥硬件成本日益降低的优势,并显著减少软件的执行时间。从根本上说,计算机的任何一种操作功能,既可以用硬件来完成,也可以用软件来完成,即通常所说的软件与硬件在逻辑上的等价性。对于一个具体的计算机系统,究竟是采用软件形式还是硬件形式来实现某一操作,要根据系统的价格、速度、灵活性及生存周期等多种因素来权衡决定。

现在,由于大规模集成电路技术的提高,人们已经着手把许多复杂的、常用的软件写入容量大、价格低、体积小、可擦可编程只读存储器(erasable programmable ROM, EPROM)或电可擦可编程只读存储器(electrically-erasable programmable ROM, EEPROM)中,制成了"固件"(firmware)。固件是一种介于软件与硬件之间的实体,其功能类似软件,其形态类似硬件,它是软件与硬件相结合的一种重要形式。

2.3.1 微型计算机组成

集成有控制器和运算器的 CPU 是计算机的核心部件。伴随大规模集成电路技术的迅速发展,芯片集成密度越来越高,CPU 可以集成在一个半导体芯片上,这种具有中央处理器功能的大规模集成电路器件,统称为"微处理器"。采用这种微处理器作为 CPU 的计算机就是微型计算机,简称"微机",俗称"电脑"。它通常由微处理器、存储器、输入/输出(I/O)接口、系统总线等组成,其特点是体积小、灵活性大、价格便宜、使用方便。

如图 2-5 所示,微型计算机的微处理器、内存储器、I/O 接口等主要部件之间通过地址总线(address bus, AB)、数据总线(data bus, DB)和控制总线(control bus, CB)相互连接与通信。I/O 接口与 I/O 设备连接,微型计算机可实现各种输入/输出操作。

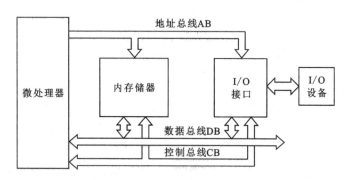

图 2-5　微型计算机基本组成

图 2-5 中的微处理器也称微处理机,是微型计算机的中央处理单元(CPU),用来执行程序指令,完成各种运算和控制功能。现代的微处理器均为单片型,即由一片超大规模集成电路制成,其集成度越来越高,性能也越来越强。从内部结构上,微处理器一般都包含下列功能部件:

①算术逻辑部件(ALU)。
②累加寄存器及通用寄存器组。
③程序计数器、指令寄存器和指令译码器。
④时序和控制部件。

内存储器也称主存储器，是微型计算机的另一个重要组成部件。按读、写能力，它又分为只读存储器（read-only memory，ROM）和随机存取存储器（random access memory，RAM）两大类。ROM 对存入的信息只能读出，不能写入。RAM 可以随机地写入或读出信息。另外，ROM 是非易失性存储器，即断电后所存信息并不丢失。因此，ROM 主要用于存储某些固定不变的程序或数据，如微机的初始引导程序及专用计算机的应用程序等。由半导体电路构成的 RAM 是易失性存储器，即断电后所存信息随之丢失。它主要用来存储计算机运行过程中随时需要读出或写入的程序或数据。

采用标准的总线结构，是微型计算机组成结构的显著特点之一。所谓总线，就是计算机部件与部件之间进行数据信息传输的一组公共信号线及相关的控制逻辑。它是一组能为计算机多个部件服务的公共信息传输通路，能分时发送与接收各部件的信息。通常将地址总线、数据总线和控制总线这 3 组总线统称为系统总线。

顾名思义，数据总线用来传送数据信息（包括二进制代码形式的指令）。从传输方向看，数据总线是双向的，即数据既可以从微处理器传送到其他部件，也可以从其他部件传送到微处理器。数据总线的位数（能同时传输的位数，也称为宽度），是微型计算机的一个重要技术指标，通常和微处理器本身的位数一致。

地址总线用来传送地址信息。与数据总线不同，地址总线是单向的，即它是由微处理器输出的一组地址信号线，提供微处理器所访问的部件（主存储器或 I/O 接口）的地址。地址总线的位数决定了微处理器可以直接访问的主存或 I/O 接口的地址范围。一般来说，当地址总线的位数为 n 时，可直接寻址范围为 2^n。例如，当地址总线位数为 16 时，可直接寻址范围为 $2^{16} = 64$ KB。

控制总线用来传送控制信息。在控制总线中，有的是微处理器送往存储器或 I/O 接口部件的控制信号，如读写控制信号、中断响应信号等，也有的是其他部件送往微处理器的信号，如中断请求信号、准备就绪信号等。

I/O 接口也是微型计算机的一个重要组成部件。它的基本功能是控制主机与外部设备之间的信息交换与传输。

与计算机系统一样，微型计算机硬件系统与软件系统一起构成了完整的微型计算机系统，如图 2-6 所示。

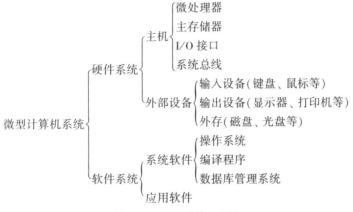

图 2-6　微型计算机系统

2.3.2 微型计算机技术指标

与微型计算机的性能息息相关的是其各功能部件的技术指标，通常基本的技术指标有微处理器字长、主频率、内存容量等。

（1）字长

字长一般是指微处理器的位数，即参与运算的数的基本位数。它决定着计算机内部的寄存器、加法器及数据总线等的位数，直接影响机器的规模和造价。字长反映了计算机的计算精度，为了适应不同需要并协调精度和造价的关系，许多计算机支持变字长运算，如半字长、全字长和双字长等。最早的微型计算机字长为 4 位，后来发展为 8 位、16 位、32 位，目前高性能微型计算机的字长一般为 64 位。

（2）主频率

在计算机内部，均有一个按某一频率产生的时钟脉冲信号，称为主时钟信号。主时钟信号的频率称为计算机的主频率，简称主频。一般来说，主频较高的计算机运算速度也较快。所以，主频是衡量一台计算机速度的重要参数。目前，高性能微型计算机的主频已达 1 GHz。

计算机主频率越高，指令周期（包含若干个时钟周期）就越短，每秒执行的机器指令条数就会越多。一般以 MIPS（million instruction per second，每秒百万条指令）作为计量单位来衡量计算机的运算速度，这里的指令一般指加、减运算这类短指令。例如若某微处理器每秒能执行 100 万条指令，则它的运算速度指标为 1 MIPS。目前高性能微处理器的运算速度已达 1000 MIPS，甚至更高。

（3）内存容量

内存储器所能存储的信息总量称为内存容量。内存容量一般以字节（byte）数来表示，1 字节为 8 位（bit）。每 1024 B 简称 1 KB（2^{10} B＝1 KB）。每 1024 KB 简称 1 MB（2^{20} B＝1 MB）。计算机的存储容量越大，存放的信息越多，处理能力就越强。目前，常用微型计算机的主存容量有 512 MB、1 GB（2^{30} B＝1 GB）、2 GB、4 GB 等。内存容量直接影响着整个机器系统的性能和价格。

除这几项主要基本技术指标外，微型计算机的性能技术指标还有平均无故障时间、性能价格比、功耗、外部设备的配置、可维护性、安全性、兼容性等。

第 3 章　微处理器

微处理器是微型计算机的中央处理器(CPU),是计算机系统运算和控制的核心,是信息处理、程序运行的最终执行部件。CPU 主要包括两个部分,即控制器、运算器,另外还包括高速缓冲存储器及实现它们之间联系的数据、控制总线。作为微型计算机的中央处理器,CPU 的功能主要为处理指令、执行操作、控制时间、处理数据。计算机系统中所有软件层的操作,最终都将通过指令集映射为 CPU 的操作。

3.1　微处理器组成结构

通常来讲,现代微处理器的结构可以大致分为执行单元、总线接口单元、缓存单元、浮点处理单元、控制单元及寄存器组等部件。现代微处理器组成结构如图 3-1 所示。

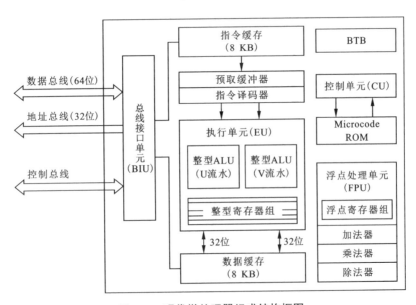

图 3-1　现代微处理器组成结构框图

3.1.1　执行单元

执行单元的核心部件是算术逻辑单元(ALU),主要进行各种算术和逻辑运算,如加、减、乘、除四则运算,与、或、非、异或等逻辑操作,以及移位、求补等操作。现代微处理器一般集成 2 套 ALU,采用并行双流水线的工作方式来执行指令,以提高运行效率。其中每条流水线都拥有自己的地址生成逻辑、ALU及数据缓存接口。执行单元执行指令的过程为：按提供的操作数地址获取操作数，然后完成指令所要求的算术或逻辑操作。

3.1.2 总线接口单元

总线接口单元(bus interface unit，BIU)是微处理器与微机中其他部件(如存储器、I/O接口等)进行连接与通信的物理接口。通过这个接口，实现微处理器与其他部件之间的数据信息、地址信息及控制命令信号的传送。现代微处理器的外部数据总线宽度可达64位，可以保证它与存储器之间较高的数据传输速率。如果微处理器的地址总线为32位，则它的直接寻址物理地址空间为 2^{32} B＝4 GB。另外，BIU还有地址总线驱动、数据总线驱动、总线周期控制及总线仲裁等多项功能。

3.1.3 缓存单元

高速缓存(cache)是现代微处理器及微型计算机设计中普遍采用的一项重要技术，它可以使CPU在较低速的存储器件条件下获得较高速的存储器访问，提高系统的性价比。早期的80386微处理器设计中，在处理器外部设置一个容量较小但速度较快的"片外缓存"，后来的80486处理器则在处理器内部设置了一个8 KB的"片内缓存"，统一作为指令和数据共用的高速缓存。

现在微处理器中的缓存设计已经有较大的改进，开始采用哈佛结构。这种结构分别设置了"指令缓存"和"数据缓存"两种缓存，可以有效避免单一缓存存在的访问冲突现象。现在的Pentium微处理器包括2个8 KB的缓存，一个只存储指令，另一个只存储指令所需的数据。CPU通过BIU获得的指令被保存在"指令缓存"中，而指令所需要的数据则保存在"数据缓存"中。这两种缓存可以并行工作，并被称为"一级缓存"或"片内缓存"。

3.1.4 浮点处理单元

浮点处理单元(floating point unit，FPU)专门用来处理浮点数或进行浮点运算，因此也称浮点运算器。在计算机发展早期，曾设置单独的FPU芯片作为算术协处理器来专门处理浮点运算。自从80486处理器开始，将FPU移至微处理器内部，使其成为微处理器芯片的又一个重要组成部分。现代微处理器的FPU性能有了很大改进，一般有8个80位的浮点寄存器FR0~FR7，内部数据总线宽度为80位，并有分立的浮点加法器、浮点乘法器和浮点除法器，可同时进行3种不同的运算。FPU执行浮点运算指令时也采用双流水线结构，以实现更高的运算效率。

3.1.5 控制单元

控制单元(control unit，CU)的基本功能是控制整个微处理器按照一定的时序一步一步地完成指令的操作，主要包括指令控制器、时序控制器、总线控制器和中断控制器等部件。

指令控制器是控制器中相当重要的部分，它要完成取指令、分析指令等操作，然后交给执行单元(ALU或FPU)来执行，同时还要生成下一条指令的地址。时序控制器的作用是为每条指令按时间顺序提供控制信号。

时序控制器包括时钟发生器和倍频定义单元。其中时钟发生器由石英晶体振荡器发出非常稳定的脉冲信号，就是 CPU 的主频；而倍频定义单元则定义了 CPU 主频相对存储器频率（总线频率）的倍数。

总线控制器主要用于控制 CPU 的内外部总线，包括地址总线、数据总线、控制总线等。

中断控制器用于控制各种各样的中断请求，并根据优先级的高低对中断请求进行排队，将其逐个交给 CPU 进行处理。

现代微型计算机 CPU 控制单元一般基于微程序控制设计。微程序控制的基本思想就是仿照通常的解题程序，把操作控制信号编成所谓的"微指令"，存放到一个只读存储器里。当计算机运行时，一条一条地读出这些微指令，从而产生计算机所需要的各种操作控制信号，使相应部件执行所规定的操作。采用微程序控制方式的控制器称为微程序控制器。所谓微程序控制方式是指微命令不是由组合逻辑电路产生的，而是由微指令译码产生的。一条机器指令往往分成几步执行，将每一步操作所需的若干位命令以代码形式编写在一条微指令中，若干条微指令组成一段微程序，对应一条机器指令。在设计 CPU 时，根据指令系统的需要，事先编写好各段微程序，且将它们存入一个专用存储器（称为控制存储器）中。微程序控制器由指令寄存器 IR、程序计数器 PC、程序状态字寄存器 PSW、时序系统、控制存储器 CM、微指令寄存器及微地址形成电路、微地址寄存器等部件组成。执行指令时，从控制存储器中找到相应的微程序段，逐次取出微指令，送入微指令寄存器，译码后产生所需微命令，控制各步完成操作。

3.2　CPU 寄存器

前一节内容主要讲述了微处理器的硬件结构，硬件结构主要是微处理器设计人员所关注的。而对于微处理器的使用者，比如程序员，更关心的是微处理器的编程结构。编程结构是指编程人员看到的微处理器的软件结构模型。软件结构模型便于我们从软件的视角去了解计算机系统的操作和运行。在这个层面，程序员可以不用详细了解微处理器内部极其复杂的电路结构、电气连接或开关特性，也不需要知道芯片各个引脚上的信号功能和动作过程。对于编程人员来说，只需在逻辑层面了解微处理器所包含的各种寄存器的功能、操作和限制条件，以及在程序设计中如何使用它们等。

3.2.1　触发器与寄存器

在数字电路中，用来存放二进制数据或代码的电路称为寄存器。寄存器是由具有存储功能的触发器组合构成的。一个触发器可以存储 1 位二进制代码，存放多位二进制代码的寄存器需由多个触发器构成。对寄存器中的触发器只要求它们具有置 1、置 0 的功能即可，因而无论是用电平触发的触发器，还是用脉冲触发或边沿触发的触发器，都可以组成寄存器。

寄存器是一种非常重要的、必不可少的数字电路部件，它通常由触发器（如 D 触发器）组成，主要作用是暂时存放数码或指令。寄存器是 CPU 内部存放数据的一些小型存储区域，用来暂时存放参与运算的数据和运算结果。其实寄存器是一种常用的时序逻辑电路，但这种时序逻辑电路只包含存储电路。寄存器的存储电路是由锁存器或触发器构成的，因为一个锁存器或触发器能存储 1 位二进制数，所以 N 个锁存器或触发器可以构成 N 位寄存器。寄存器是中央处理器的组成部分，是有限存储容量的高速存储部件，可用来暂存指令、数据和地址。

寄存器应具有接收数据、存放数据和输出数据的功能，由触发器和门电路组成。只有得到"存指令"（又称"写指令"）时，寄存器才能接收数据；在得到"读指令"时，寄存器才将数据输出。寄存器存放和读出数据的方式有并行和串行两种。并行方式是数据从各对应位输入端同时输入寄存器中；串行方式是数据从一个输入端逐位输入寄存器中。

图 3-2 为 80x86 系列微处理器的寄存器模型，其可以看成呈现在编程者面前的寄存器集合，所以也称微处理器的编程结构。需要说明的是，随着集成电路的发展，微处理器也不断发展，体现在寄存器方面就是寄存器的位数不断增加。随着微处理器功能的增强及型号的更新，相应的寄存器的位数也不断扩充。早期的 8086/8088 及 80286 微处理器为 16 位结构，它们所包含的寄存器是图 3-2 所示寄存器集的一个子集（白色部分）。80386、80486 及后来的 Pentium 系列微处理器为 32 位结构，它们包括了图 3-2 中的所有寄存器（白色部分和阴影部分）。为了保证软硬件的延续性，微处理器无论是指令设计还是寄存器设计，从 8086/8088 到 Pentium 系列都保持着向前的兼容性。

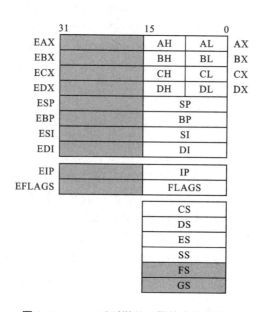

图 3-2　80x86 系列微处理器的寄存器模型

3.2.2　通用数据寄存器

通用数据寄存器用来存放 8 位、16 位或 32 位的操作数。大多数算术运算和逻辑运算指令都可以使用这些寄存器。共有 4 个通用数据寄存器，分别是 EAX、EBX、ECX 和 EDX。

EAX（accumulator，累加器）：EAX 可以作为 32 位寄存器（EAX）、16 位寄存器（AX）或 8 位寄存器（AH 或 AL）引用。如果作为 8 位或 16 位寄存器引用，则只改变 32 位寄存器的一部分，其余部分不受影响。当累加器用于乘法、除法及一些调整指令时，它具有专门的用途，但通常仍称之为通用寄存器。在 80386 及更高型号的微处理器中，EAX 也可以用来存放访问存储单元的偏移地址。

EBX（base，基址）：EBX 是通用寄存器，它可以作为 32 位寄存器（EBX）、16 位寄存器

(BX)或 8 位寄存器(BH 或 BL)引用。在 80x86 系列的各种型号微处理器中，均可以用 BX 存放访问存储单元的偏移地址。在 80386 及更高型号的微处理器中，EBX 也可以用于存放访问存储单元的偏移地址。

ECX(count，计数)：ECX 是通用寄存器，它可以作为 32 位寄存器(ECX)、16 位寄存器(CX)或 8 位寄存器(CH 或 CL)引用。ECX 可用作多种指令的计数器。用于计数的指令是重复的串操作指令、移位指令、循环移位指令和 LOOP/LOOPD 指令。移位和循环移位指令用 CL 计数，重复的串操作指令用 CX 计数，LOOP/LOOPD 指令用 CX 或 ECX 计数。在 80386 及更高型号的微处理器中，ECX 也可用来存放访问存储单元的偏移地址。

EDX(data，数据)：EDX 是通用寄存器，用于保存乘法运算产生的部分积，或除法运算之前的部分被除数。对于 80386 及更高型号的微处理器，这个寄存器也可用来寻址存储器数据。

3.2.3　指针和变址寄存器

指针和变址寄存器组有 4 个寄存器，即堆栈指针寄存器 ESP、基址指针寄存器 EBP、源变址寄存器 ESI 和目的变址寄存器 EDI。这 4 个寄存器均可作为 32 位寄存器引用(ESP、EBP、ESI 和 EDI)，也可作为 16 位寄存器引用(SP、BP、SI 和 DI)，主要用于堆栈操作和串操作中形成操作数的有效地址。其中，ESP、EBP(或 SP、BP)用于堆栈操作，ESI、EDI(或 SI、DI)用于串操作。另外，这 4 个寄存器也属于通用寄存器，可作为数据寄存器使用。

ESP(stack pointer，堆栈指针)：ESP 寻址一个称为堆栈的存储区，通过这个指针存取堆栈存储器数据。这个寄存器作为 16 位寄存器引用时，为 SP；作为 32 位寄存器引用时，则为 ESP。

EBP(base pointer，基址指针)：EBP 用来存放访问堆栈段的一个数据区的"基地址"。它作为 16 位寄存器引用时，为 BP；作为 32 位寄存器引用时，则为 EBP。

ESI(source index，源变址)：ESI 用于寻址串操作指令的源数据串。它的另一个功能是作为 32 位(ESI)或 16 位(SI)的数据寄存器引用。

EDI(destination index，目的变址)：EDI 用于寻址串操作指令的目的数据串。与 ESI 一样，EDI 也可作为 32 位(EDI)或 16 位(DI)的数据寄存器引用。

3.2.4　段寄存器

微处理器寄存器中有一组 16 位的寄存器，主要用于与微处理器中的其他寄存器联合生成存储器地址。80x86 系列的微处理器中有 4 个或 6 个段寄存器。

代码段寄存器(code segment，CS)：代码段是一个存储区域，用以保存微处理器使用的程序代码。代码段寄存器 CS 定义代码段的起始地址。

数据段寄存器(data segment，DS)：数据段是包含程序所使用的大部分数据的存储区。与代码段寄存器 CS 类似，数据段寄存器 DS 用于定义数据段的起始地址。

附加段寄存器(extra segment，ES)：附加段是为某些串操作指令存放目的操作数而附加的一个数据段。附加段寄存器 ES 用于定义附加段的起始地址。

堆栈段寄存器(stack segment，SS)：堆栈是计算机存储器中的一个特殊存储区，用于暂时存放程序运行中的一些数据和地址信息。堆栈段寄存器 SS 定义堆栈段的首地址。通过堆栈段寄存器 SS 和堆栈指针寄存器 ESP/SP 可以访问堆栈栈顶的数据。另外，通过堆栈段寄存器 SS 和基址指针寄存器 EBP/BP 可以寻址堆栈栈顶下方的数据。

段寄存器 FS 和 GS：这两个段寄存器仅对 80386 及更高型号的微处理器有效，以便程序访问相应的两个附加的存储器段。

3.2.5　指令指针寄存器

指令指针寄存器 EIP（instruction pointer）是一个专用寄存器，用于寻址当前需要取出的指令字节，即存放将要执行的下一条指令在现行代码段中的偏移地址。当 CPU 从内存中取出一个指令字节后，EIP 就自动加 1，指向下一指令字节。当微处理器工作在 16 位实模式下时，这个寄存器可记为 IP（16 位），80386 及更高型号的微处理器则为 EIP（32 位）。

程序员不能直接对 EIP/IP 进行存取操作，但程序中的转移指令、返回指令及中断指令能对 EIP/IP 进行操作。程序运行中，它由 BIU 自动修改，使 EIP/IP 始终指向下一条将要执行的指令的地址，因此它是用来控制指令序列的执行流程的一个重要的寄存器。例如，当遇到中断指令或调用子程序指令时，CPU 自动调整 EIP/IP 的内容，将 EIP/IP 中下一条将要执行的指令地址偏移量入栈保护，待中断程序执行完毕或子程序返回时，可将保护的内容从堆栈中弹出到 EIP/IP，使主程序继续运行。当遇到跳转指令时，则将新的跳转目标地址送入 EIP/IP，改变它的内容，实现程序的转移。

3.2.6　标志寄存器 EFLAGS

标志寄存器 EFLAGS 用于指示微处理器的状态并控制其操作。早期的 8086/8088 微处理器的标志寄存器 FLAG 为 16 位，且只定义了其中的 9 位。80286 微处理器虽然仍为 16 位的标志寄存器，但定义的标志位已从原来的 9 位增加到 12 位（新增加了 3 个标志位）。80386 及更高型号的微处理器则采用 32 位的标志寄存器 EFLAGS，所定义的标志位也有相应的扩充。80x86 系列等微处理器的 EFLAGS 如图 3-3 所示。

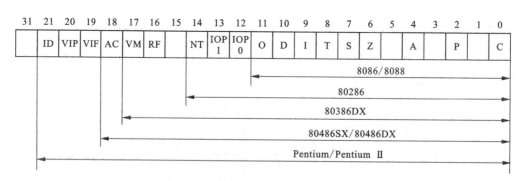

图 3-3　80x86 系列等微处理器的 EFLAGS

8086/8088 系统中定义了 9 个标志位——OF、DF、IF、TF、SF、ZF、AF、PF、CF。在这 9 个标志位中，有 6 位（即 CF、PF、AF、ZF、SF 和 OF）为状态标志，其余 3 位（即 TF、IF 和 DF）为控制标志。状态标志与控制标志的作用有所不同。状态标志反映微处理器的工作状态，如执行加法运算时是否产生进位、执行减法运算时是否产生借位、运算结果是否为 0 等。

控制标志对微处理器的运行起特定的控制作用，如以单步方式运行还是以连续方式运行，在程序执行过程中是否允许响应外部中断请求等。

进位标志 CF(carry flag)：运算过程中最高位有进位或借位时，CF 置 1；否则置 0。

奇偶标志 PF(parity flag)：该标志位反映运算结果低 8 位中 1 的数量，若 1 的数量为偶数，则 PF 置 1；否则置 0。它是早期 Intel 微处理器在数据通信环境中校验数据的一种手段。现在，奇偶校验通常由数据存储和通信设备完成，而不是由微处理器完成。所以，这个标志位在现代程序设计中很少使用。

辅助进位标志 AF(auxiliary carry flag)：辅助进位标志也称"半进位"标志。若运算结果低 4 位中的最高位有进位或借位，则 AF 置 1；否则置 0。

0 标志 ZF(zero flag)：反映运算结果是否为 0。若结果为 0，则 ZF 置 1；否则置 0。

符号标志 SF(sign flag)：记录运算结果的符号。若结果为负，则 SF 置 1；否则置 0。SF 的取值总是与运算结果的最高位相同。

溢出标志 OF(overflow flag)：反映有符号数运算结果是否发生溢出。若发生溢出，则 OF 置 1；否则置 0。所谓溢出，是指运算结果超出了计算设备所能表示的数值范围。例如，对于字节运算，数值范围为 $-128 \sim +127$；对于字运算，数值范围为 $-32768 \sim +32767$。若超过上述范围，就是发生了溢出。溢出是一种差错，系统应做相应的处理。

在机器中，溢出标志的判断逻辑式为"OF = 最高位进位 $\oplus$ 次高位进位"。注意："溢出"与"进位"是两个不同的概念。某次运算结果有"溢出"，不一定有"进位"；反之，有"进位"，也不一定发生"溢出"。另外，"溢出"标志实际上是针对有符号数运算而言的；对于无符号数运算，溢出标志 OF 是无定义的，无符号数运算的溢出状态可通过进位标志 CF 来反映。

方向标志 DF(direction flag)：用来控制串操作指令的执行。若 DF = 0，则串操作指令的地址自动增量修改，串数据的传送过程从低地址到高地址进行；若 DF = 1，则串操作指令的地址自动减量修改，串数据的传送过程从高地址到低地址进行。

中断标志 IF(interrupt flag)：用来控制对外部可屏蔽中断请求的响应。若 IF = 1，则 CPU 响应外部可屏蔽中断请求；若 IF = 0，则 CPU 不响应外部可屏蔽中断请求。

陷阱标志 TF(trap flag)：陷阱标志也称单步标志。当 TF = 1 时，CPU 处于单步方式；当 TF = 0 时，则 CPU 处于连续方式。单步方式常用于程序的调试。

3.3 微处理器的工作模式

为了既发挥高性能 CPU 的处理能力，又满足用户对应用软件兼容性的要求，自 Intel 80286 开始，出现了微处理器不同工作模式的概念。它较好地解决了 CPU 性能的提高与兼容性之间的矛盾。常见的微处理器工作模式有实模式(real mode)、保护模式(protected mode)和虚拟 8086 模式(virtual 8086 mode)。

实模式就是 80286 以上的微处理器所采用的 8086 的工作模式。在实模式下，采用类似 8086 的体系结构，其寻址机制、中断处理机制均和 8086 相同；物理地址的形成也同 8086 一样——将段寄存器的内容左移 4 位，再与偏移地址相加。寻址空间为 1 MB，采用分段方式，每段大小为 64 KB。此外，在实模式下，存储器中保留两个专用区域，一个为初始化程序区 FFFF0H ~ FFFFFH，存放进入 ROM 引导程序的一条跳转指令；另一个为中断向量表区

00000H~003FFH，在这 1 KB 的存储空间可存放 256 个中断服务程序的入口地址，每个入口地址占 4 字节，这与 8086 的情形相同。

实模式是 80x86 系列处理器在加电或复位后立即出现的工作方式，即使是想让系统运行在保护模式，系统初始化或引导程序也需要在实模式下运行，以便为保护模式所需要的数据结构做好各种配置和准备。也可以说，实模式是为建立保护模式做准备的工作模式。

保护模式是支持多任务的工作模式，它提供了一系列的保护机制，如任务地址空间的隔离、设置特权级、执行特权指令、进行访问权限的检查等。这些功能是实现 Windows 和 Linux 等操作系统的基础。

80386 以上的微处理器在保护模式下可以访问 4 GB 的物理存储空间，段的长度在启动分页功能时是 4 GB，不启动分页功能时是 1 MB，分页功能是可选的。在这种方式下，可以引入虚拟存储器的概念，以扩充编程者使用的地址空间。

虚拟 8086 模式又称 V86 模式，是一种特殊的保护模式。它是既有保护功能又能执行 8086 程序的工作模式，是一种动态工作模式。在这种工作模式下，处理器能够迅速、反复进行 V86 模式和保护模式之间的切换，从保护模式进入 V86 模式执行 8086 程序，然后离开 V86 模式，进入保护模式继续执行原来的程序。

3.4 微处理器的工作过程

根据冯·诺依曼体系结构计算机工作原理，微处理器的工作过程分为以下 5 个阶段：取指令阶段、指令译码阶段、执行指令阶段、访存取数阶段和结果写回阶段。

取指令 IF（instruction fetch），即将一条指令从主存储器中取到指令寄存器的过程。程序计数器中的数值用来指示当前指令在主存中的位置。当一条指令被取出后，PC 中的数值将根据指令字长度自动递增。

指令译码 ID（instruction decode），取出指令后，指令译码器按照预定的指令格式，对取出的指令进行拆分和解释，识别区分出不同的指令类别及各种获取操作数的方法。

执行指令 EX（execute），具体实现指令的功能。将 CPU 的不同部分连接起来，以执行所需的操作。

访存取数 MEM（memory），根据指令需要访问主存、读取操作数，CPU 得到操作数在主存中的地址，并从主存中读取该操作数用于运算。部分指令不需要访问主存，则可以跳过该阶段。

结果写回 WB（write back），作为最后一个阶段，结果写回阶段把执行指令阶段的运行结果数据"写回"某种存储形式。结果数据一般会被写到 CPU 的内部寄存器中，以便被后续指令快速地存取；许多指令还会改变程序状态字寄存器中标志位的状态，这些标志位标识着不同的操作结果，可用来影响程序的动作。

在指令执行完毕、结果数据写回之后，若无意外事件（如结果溢出等）发生，如图 3-4 所示，CPU 就从程序计数器中取得下一条指令地址，开始新一轮的循环，下一个指令周期将顺序取出下一条指令。

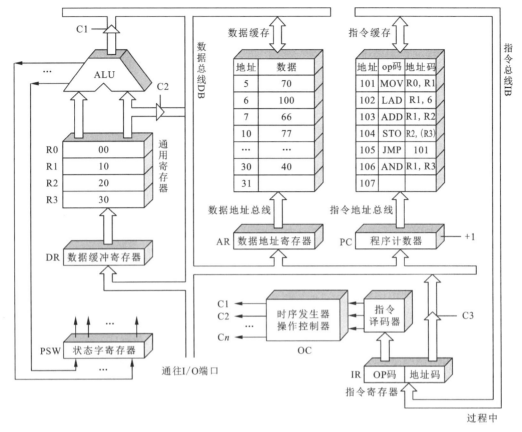

图 3-4　微处理器指令过程

3.4.1　指令周期与时序

　　CPU 取出一条指令并执行该指令所需的时间称为指令周期。指令周期的长短与指令的复杂程度有关。指令周期常常用若干个 CPU 周期数来表示。

　　由于 CPU 内部的操作速度较快，而 CPU 访问一次主存所花的时间较长，因此通常用从主存读取一条指令的最短时间来规定 CPU 周期。CPU 周期也称为机器周期。一个 CPU 周期包含若干个时钟周期。时钟周期是处理操作的最基本时间单位，由机器的主频决定。一个 CPU 周期的时间宽度由若干个时钟周期的总和决定。图 3-5 为采用定长 CPU 周期的指令周期示意图。

　　取出和执行任何一条指令所需的最短时间为两个 CPU 周期。任何一条指令的指令周期至少需要两个 CPU 周期，而复杂指令的指令周期则需要更多的 CPU 周期。这是因为，一条指令的取出阶段需要一个 CPU 周期，而一条指令的执行阶段需要至少一个 CPU 周期。由于不同复杂度指令的执行周期所需的 CPU 周期数不尽相等，因此，各种指令的指令周期也是不尽相同的。

　　在计算机高速运行的过程中，计算机内各部件的每一个动作都必须严格遵守时间规定，不能有任何差错。计算机内各部件的协调动作需要时间标志，而时间标志是用时序信号来体现的。计算机各部件工作所需的时序信号，在 CPU 中统一由时序发生器产生。

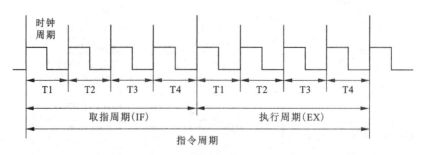

图 3-5　指令周期示意图

CPU 中的时序信号发生器，其功能是用逻辑电路发出时序信号，实现时序控制，使计算机可以准确、迅速、有条不紊地工作。时序信号发生器是产生指令周期、控制时序信号的部件，当 CPU 开始取指令并执行时，操作控制器利用时序信号发生器产生的定时脉冲的顺序和不同的脉冲间隔，提供计算机各部件工作时所需的各种微操作定时控制信号，有条理、有节奏地指挥机器各个部件按规定时间动作。

3.4.2　指令控制

控制器控制一条指令运行的过程是依次执行一个确定的操作序列的过程。为了使机器正确执行指令，控制器必须按正确的时序产生操作控制信号。控制不同操作序列的时序信号的方法，称为控制器的控制方式。控制方式通常分为三种：同步控制方式、异步控制方式、联合控制方式，其反映了时序信号的定时方式。

同步控制方式是指操作序列中每一步操作的执行都由确定的具有基准时标的时序信号来控制，其特点是系统有一个统一的时钟，所有的控制信号均来自这个统一的时钟信号。在同步控制方式中，任何情况下，给定的指令在执行时所需的 CPU 周期数和时钟周期数都是固定不变的。同步控制方式有时又称为固定时序控制方式或无应答控制方式。

根据不同情况，同步控制方式可选取以下几种方案：

(1)采用完全统一的机器周期执行各种不同的指令。显然，对简单指令和简单的操作而言，这将造成时间上的浪费。

(2)采用不定长机器周期。将大多数操作安排在一个较短的机器周期内完成，而对于某些时间紧张的操作，则采取延长机器周期的办法来解决。

(3)中央控制与局部控制结合。将大部分指令安排在固定的机器周期完成(称为中央控制)，而对于少数复杂指令(乘、除、浮点运算)则采用另外的时序进行定时(称为局部控制)。

同步控制方式设计简单，操作控制容易实现。

异步控制方式是一种按每条指令、每个操作的实际需要而占用时间的控制方式，不同指令所占用的时间完全根据需要来决定。

在异步控制方式中，每条指令的指令周期既可由数量不等的机器周期组成，也可由执行部件完成 CPU 要求的操作后发回控制器的应答信号来决定。也就是说，CPU 访问的每个操作控制信号的时间由其需要占用的时间来决定，每条指令、每个操作控制信号需要多少时间就占用多少时间。

显然, 由这种方式形成的操作控制序列没有固定的 CPU 周期数和严格的时钟周期与之同步, 所以称为异步控制方式。异步控制方式有时又称为可变时序控制方式或应答控制方式。在异步控制方式下, 指令的运行效率高, 但控制线路的硬件实现比较复杂。异步控制方式在计算机中具有广泛的应用, 例如 CPU 对主存的读写、I/O 设备与主存的数据交换等一般都采用异步控制方式, 以保证执行时的高速度。

现代计算机系统一般采用同步控制和异步控制相结合的方式, 即联合控制方式。联合控制方式的设计思想为: 在功能部件内部采用同步控制方式, 而在功能部件之间采用异步控制方式, 并且在硬件实现允许的情况下, 尽可能多地采用异步控制方式。联合控制方式通常选取以下两种方案:

(1) 大部分操作序列安排在固定的机器周期中, 对某些时间难以确定的操作则以执行部件的应答信号作为本次操作的结束。

(2) 机器周期的时钟周期数固定, 但是各条指令周期的机器周期数不固定。

3.5 微处理器的外部功能特性

由超大规模集成电路封装构成的微处理器, 从硬件角度来看还会有不同的外部引脚信号和操作特性。下面以 32 位微处理器 80386DX 为例, 介绍微处理器外部引脚的基本功能特性及其操作时序。

3.5.1 外部引脚信号

80386DX 微处理器共 132 个外部引脚, 用来与存储器、I/O 接口或其他外部电路进行连接和通信。整个芯片采用引脚栅格阵列(pin grid array, PGA)封装。按功能的不同, 可将这 132 个引脚信号分成 4 组: 存储器/I/O 接口、中断接口、DMA 接口和协处理器接口。图 3-6 给出了 80386DX 引脚信号分组情况。

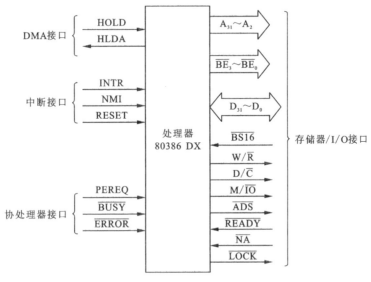

图 3-6 80386DX 引脚信号分组

表 3-1 列出了各个引脚信号的名称、功能、传送方向及每个信号的有效电平。

表 3-1 80386DX 微处理器引脚信号情况

名称	功能	传送方向	有效电平
CLK2	系统时钟	输入	—
$A_{31} \sim A_2$	地址总线	输出	—
$\overline{BE_3} \sim \overline{BE_0}$	字节允许	输出	0
$D_{31} \sim D_0$	数据总线	输入/输出	—
$\overline{BS16}$	16 位总线宽	输入	0
$W/\overline{R}$	写/读指示	输出	1/0
$D/\overline{C}$	数据/控制指示	输出	1/0
$M/\overline{IO}$	存储器/I/O 指示	输出	1/0
$\overline{ADS}$	地址状态	输出	0
$\overline{READY}$	就绪	输入	0
$\overline{NA}$	下一地址请求	输入	0
$\overline{LOCK}$	总线封锁	输出	0
INTR	中断请求	输入	1
NMI	非屏蔽中断请求	输入	1
RESET	系统复位	输入	1
HOLD	总线保持请求	输入	1
HLDA	总线保持响应	输出	1
PEREQ	协处理器请求	输入	1
$\overline{BUSY}$	协处理器忙	输入	0
$\overline{ERROR}$	协处理器错	输入	0

如，"存储器/I/O 接口"中的 $M/\overline{IO}$ 信号，其功能是"存储器/I/O 指示"，用以告诉外部电路当前微处理器是在访问存储器还是 I/O 接口；该信号的传送方向是输出，即它是由微处理器产生的输出信号；它的有效电平为 1/0，其含义为，在这个信号线上的逻辑 1 电平表示 CPU 在访问存储器，而逻辑 0 电平表示 CPU 在访问 I/O 接口。又如，"中断接口"中的 INTR 信号是可屏蔽中断请求输入信号，其有效电平是逻辑 1，外部设备利用这个信号通知微处理器它们需要得到服务。

(1) 存储器/I/O 接口

微处理器的"存储器/I/O 接口"信号通常又包括地址总线、数据总线及其他有关控制信号。地址总线和数据总线形成了 CPU 与存储器和 I/O 子系统间通信的基本通路。在早期的 Intel 微处理器(如 8086/8088)中，曾普遍采用地址总线和数据总线复用技术，即让部分(或全部)地址总线与数据总线共用微处理器的一部分引脚，目的是减少微处理器的引脚数量，但由此也会带来控制逻辑及操作时序上的复杂性。自 80286 及更高型号的微处理器开始，则采用分开的地址总线和数据总线。如图 3-6 所示，80386DX 的地址总线信号 $A_{31} \sim A_2$ 和数据总线信号 $D_{31} \sim D_0$ 被分别设定在不同的引脚上。

从硬件的观点来看，80386DX 的实模式与保护模式之间仅有一点不同，即地址总线的规模。在实模式下，只输出低 18 位地址信号 $A_{19} \sim A_2$；而在保护模式下，则输出 30 位地址信号 $A_{31} \sim A_2$。其实，实模式的地址长度为 20 位，保护模式的地址长度是 32 位。其余两位地址码 A_1 和 A_0 被 80386DX 内部译码，产生字节允许信号 $\overline{BE_3}$、$\overline{BE_2}$、$\overline{BE_1}$ 和 $\overline{BE_0}$，以控制总线字节、字或双字数据的传送。

地址总线是输出信号线，用于传送从 CPU 到存储器或 I/O 接口的地址信息。在实模式下，20 位地址给出了 80386DX 寻址 1 MB(2^{20} B)物理地址空间的能力；而在保护模式下，32 位地址可以寻址 4 GB(2^{32} B)的物理地址空间。

无论是在实模式还是在保护模式下，80386DX 微型计算机均具有独立的 I/O 地址空间。该 I/O 地址空间的大小为 64 KB。所以，在寻址 I/O 设备时，仅需使用地址线 $A_{15} \sim A_2$ 及相应的字节允许信号。

数据总线由 32 条数据线($D_{31} \sim D_0$)构成，数据总线是双向的，即数据既可以由存储器或 I/O 接口输入给 CPU，也可以由 CPU 输出给存储器或 I/O 接口。在数据总线上传送的数据类型是对存储器读/写的数据或指令代码、对外部设备输入/输出的数据及来自中断控制器的中断类型码等。

在一个总线周期内，80386DX 在数据总线上可以传送字节、字或双字数据，所以，它必须通知外部电路以何种形式传送数据，以及数据将通过数据总线的哪一部分进行传送。80386DX 是通过激活相应的字节允许信号($\overline{BE_3} \sim \overline{BE_0}$)来做到这一点的。

微处理器的控制信号用来支持和控制在地址和数据总线上的信息传输。这些控制信号表明，有效地址何时出现在地址总线上，数据以什么样的方向在数据总线上传送，写入存储器或 I/O 接口的数据何时在数据总线上有效，从存储器或 I/O 接口读出的数据何时能够在数据总线上存储好，等等。

80386DX 并不直接产生上述功能的控制信号，而是在每个总线周期的开始时刻输出总线周期定义的指示信号。这些总线周期指示信号需在外部电路中进行译码，从而产生对存储器和 I/O 接口的控制信号。如表 3-2 所示，有 3 个信号用来标识 80386DX 的总线周期类型，即"存储器/I/O 指示"($M/\overline{IO}$)、"数据/控制指示"($D/\overline{C}$)及"写/读指示"($W/\overline{R}$)信号。

"存储器/I/O 指示"的逻辑电平标识产生存储器或 I/O 总线周期，逻辑 1 表示存储器操作，而逻辑 0 表示 I/O 操作。"数据/控制指示"标识当前是数据总线周期还是控制总线周期，该信号的逻辑 0 电平表示中断响应、读存储器代码及暂停/关机操作的控制总线周期，而逻辑 1 电平表示对存储器及 I/O 端口进行读/写操作的数据总线周期。

表 3-2   80386DX 的总线周期类型

M/$\overline{\text{IO}}$ 信号	D/$\overline{\text{C}}$ 信号	W/$\overline{\text{R}}$ 信号	总线周期类型
0	0	0	中断响应
0	0	1	空闲
0	1	0	读 I/O 数据
0	1	1	写 I/O 数据
1	0	0	读存储器代码
1	0	1	暂停/关机
1	1	0	读存储器数据
1	1	1	写存储器数据

若"存储器/I/O 指示"和"数据/控制指示"的编码是 00，则一个中断请求被响应；如果是 01，则进行 I/O 操作；如果是 10，则读出指令代码；如果是 11，则读/写存储器数据。

"写/读指示"信号用来标识总线周期的操作类型，逻辑 0 表示数据从存储器或 I/O 接口读出，而逻辑 1 表示数据被写入存储器或 I/O 接口。

表 3-2 中，总线周期指示码"001"的总线周期类型为空闲（idle），这是一种不形成任何总线操作的总线周期，也称空闲周期。

微处理器 80386DX 的存储器/I/O 接口中还有另外 3 个控制信号，即地址状态（$\overline{\text{ADS}}$）、就绪（$\overline{\text{READY}}$）及下一地址（$\overline{\text{NA}}$）信号。ADS 为逻辑 0 表示总线周期指示码、字节允许信号及地址信号（$A_{31} \sim A_2$）全为有效状态。

$\overline{\text{READY}}$ 信号用于将等待状态（T_w）插入当前总线周期，以便通过增加时钟周期数使总线周期得到扩展。这个信号通常由存储器或 I/O 子系统产生并经外部总线控制逻辑电路提供给 80386DX。通过将该信号变为逻辑 0，存储器或 I/O 接口可以告诉 80386DX 它们已经准备好，处理器可以开始进行数据传送操作。

80386DX 支持在其总线接口上的地址流水线方式。所谓地址流水线，是指下一个总线周期的地址、总线周期指示码及有关的控制信号可以在本总线周期结束之前发出，从而使对下一个总线周期的寻址与本总线周期的数据传送相重叠。采用这种方式，可以用较低速的 $\overline{\text{NA}}$ 存储器电路获得与较高速存储器相同的性能。外部总线控制逻辑电路是通过使输入信号有效（变为逻辑 0）来激活地址流水线的。

由 80386DX 输出的另一个控制信号是总线封锁（$\overline{\text{LOCK}}$）信号，这个信号用以支持多处理器结构。在使用共享资源（如全局存储器）的多处理器系统中，该信号能够用来确保系统总线和共享资源的占用不被间断。当微处理器执行带有 LOCK 前缀的指令时，$\overline{\text{LOCK}}$ 输出引脚变为逻辑 0，从而封锁共享资源以独占使用。

最后一个控制信号是"16 位总线宽"（$\overline{\text{BS16}}$）输入信号。该信号用来选择 32 位（置 1）或 16 位（置 0）数据总线。

（2）中断接口

80386DX 的中断接口信号有"中断请求"（INTR）、"非屏蔽中断请求"（NMI）及"系统复位"（RESET）。INTR 是一个对 80386DX 的输入信号，表明外部设备需要得到服务。80386DX 在每条指令的开始时刻对这个输入信号进行采样。INTR 引脚上的逻辑 1 电平表示出现了中断请求。80386DX 检测到有效的中断请求信号后，它便把这一事实通知给外部电路并启动一个中断响应总线周期时序。中断响应总线周期的出现是通过总线周期指示码"000"来通知外部电路的。这个总线周期指示码将被外部总线控制逻辑电路译码，从而产生一个中断响应信号。通过这个中断响应信号，80386DX 告诉发出中断请求的外部设备它的服务请求已得到同意，这样就完成了中断请求和中断响应的"握手"过程。此时，程序控制转移到了中断服务程序。

INTR 输入是可屏蔽的，即它的操作可以通过微处理器内部的标志寄存器中的"中断标志位"（IF）予以允许或禁止。而 NMI 输入，顾名思义，是不可屏蔽的中断输入。只要在 NMI 引脚上出现 0 到 1 的跳变，不管中断标志 IF 的状态如何，一个中断服务请求总会被微处理器所接受。在执行完当前指令后，程序一定会转移到非屏蔽中断服务程序的入口处。

RESET 输入用来对 80386DX 进行硬件复位。利用这个输入可以使微型计算机在加电时复位。RESET 信号跳变到逻辑 1，将初始化微处理器的内部寄存器。当它返回到逻辑 0 时，程序控制被转移到系统复位服务程序的入口处。该服务程序用来初始化其余的系统资源，如 I/O 端口、中断标志及数据存储器等。执行 80386DX 的诊断程序也是复位过程的一部分，它可以确保微型计算机系统有序启动。

（3）DMA 接口

80386DX 的直接存储器访问（direct memory access，DMA）接口只通过两个信号实现：总线保持请求（HOLD）和总线保持响应（HLDA）。

当一个外部电路（如 DMA 控制器）希望掌握总线控制权时，它就通过将 HOLD 输入信号变为逻辑 1 来通知当前的总线主控制器 80386DX。80386DX 如果同意放弃总线控制权（未执行带 LOCK 前缀的指令），就在执行完当前总线周期后，使相关的总线输出信号全部变为高阻态（第三态），并通过将 HLDA 输出信号变到逻辑 1 电平通知外部电路它已交出了总线控制权。这样就完成了"总线保持请求"和"总线保持响应"的"握手"过程。80386DX 维持这种状态直至"总线保持请求"信号撤销（变为逻辑 0），随之 80386DX 将"总线保持响应"信号也变为逻辑 0，并重新收回总线控制权。

（4）协处理器接口

80386DX 微处理器提供了协处理器接口信号，以实现与协处理器 80387DX 的联络接口。80387DX 不能独立形成经数据总线传送的数据。当 80387DX 需要对存储器读或写操作数时，它必须通知 80386DX 来启动这个数据传送过程。这是通过将 80386DX 的"协处理器请求"（PEREQ）输入信号变为逻辑 1 来实现的。

另外两个协处理器接口信号是 $\overline{BUSY}$ 和 $\overline{ERROR}$。$\overline{BUSY}$ 是 80386DX 的一个输入信号，表示协处理器忙。每当协处理器 80387DX 执行一条数值运算指令时，它就通过将 $\overline{BUSY}$ 信号变为逻辑 0 来通知 80386DX。如果在协处理器运算过程中有错误产生，将通过使 $\overline{ERROR}$ 信号变为逻辑 0 来通知 80386DX 协处理器出错了。

3.5.2 微处理器的总线时序

微处理器与存储器或 I/O 接口等的连接与通信，都需要总线上有关信号的时序控制。

我们知道，CPU 执行指令是在时钟脉冲(CLK)的统一控制下一步一步完成的，时钟脉冲的重复周期称为时钟周期(clock cycle)。时钟周期是 CPU 执行指令的基本时间计量单位，它由 CPU 的主频决定。例如，8086 的主频为 5 MHz，则一个时钟周期为 200 ns。Pentium Ⅲ 的主频为 500 MHz，而其时钟周期仅为 2 ns。时钟周期也称 T 状态(T-state)。

CPU 执行指令的过程通常由取指令、译码和执行等操作步骤组成，执行一条指令所需要的时间称为指令周期。不同指令的指令周期是不相同的。而 CPU 通过总线完成一次访问存储器或 I/O 接口操作所需要的时间，称为总线周期。一个指令周期由一个或几个总线周期构成。

(1)总线时序基本概念

对于不同型号的微处理器，一个总线周期所包含的时钟周期数也不相同。例如，8086 的一个总线周期通常由 4 个时钟周期组成，分别为 T_1、T_2、T_3 和 T_4。而从 80286 开始，CPU 的一个总线周期一般由 2 个时钟周期构成，分别为 T_1 和 T_2。

通过一个总线周期完成一次数据传送，一般要有输出地址和传送数据两个基本过程。例如，对于一个由 4 个时钟周期构成的总线周期 8086 来说，在第一个时钟周期(T_1)期间由 CPU 输出地址，随后的 3 个时钟周期(T_2、T_3 和 T_4)用来传送数据。也就是说，数据传送必须在 $T_2 \sim T_4$ 这 3 个时钟周期内完成，否则，在 T_4 周期之后开始下一个总线周期将造成总线操作的错误。而在实际应用中，当一些慢速设备不能在 T_2、T_3、T_4 三个时钟周期内完成数据读写时，总线就不能被系统正确使用。为此，允许在总线周期中插入用以延长总线周期的 T 状态，称为插入"等待状态"(T_w)。这样，当被访问的存储器或 I/O 接口无法在 3 个时钟周期内完成数据读写时，就由其发出请求延长总线周期的信号到 CPU 的 $\overline{READY}$ 引脚，8086 收到该请求信号后在 T_3 和 T_4 之间插入一个等待状态 T_w，插入 T_w 的个数与发来请求信号的持续时间有关。T_w 的周期与普通 T 状态的时间相同。

另外，如果在一个总线周期后不立即执行下一个总线周期，即总线上无数据传输操作，此时总线处于所谓"空闲状态"，在此期间，CPU 执行空闲周期 T_i，T_i 也以时钟周期 T 为单位。两个总线周期之间出现的 T_i 的个数随 CPU 执行指令的不同而有所不同。

CPU 一般有两种不同类型的总线周期："非流水线总线周期"和"流水线总线周期"。采用"非流水线总线周期"，不存在前一个总线周期的操作尚未完成即预先启动后一个总线周期的现象，即不会产生前后两个总线周期操作重叠(并行)运行的情况。如从 80286 开始的 CPU，在总线周期的 T_1 期间通过地址总线输出被访问的存储单元(或 I/O 端口)的地址、总线周期指示码及有关的控制信号。在写周期的情况下，被写数据也在 T_1 期间输出到数据总线。在总线周期的 T_2 期间，数据被写入所选中的存储单元或 I/O 端口(写总线周期)，或把从存储单元或 I/O 端口读出的数据稳定地输出到数据总线上(读总线周期)。

"流水线总线周期"是指对后一个总线周期的寻址与前一个总线周期的数据传送相重叠。在这种方式下，前一个总线周期的数据传送期间，后一个总线周期的地址、总线周期指示码及有关的控制信号就会输出。如图 3-7 所示，第 n 个总线周期的地址在该总线周期的 T_1 开始时刻变为有效，然而该总线周期的数据却出现于第 $n+1$ 个总线周期的 T_1 状态。而在第 n

个总线周期的数据传送的同时,第 $n+1$ 个总线周期的地址便输出到地址总线上了。因此,在流水线总线周期中,当微处理器进行前一个已寻址存储单元的数据读/写时,即已开始了对后一个被访问存储单元的寻址。或者说,当第 n 个总线周期进行时,第 $n+1$ 个总线周期就已启动了,从而使前后两个总线周期的操作在一定程度上并行进行,这样可以在总体上改善总线的性能。

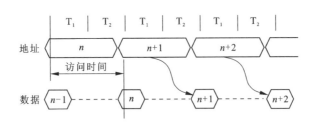

图 3-7 流水线总线周期时序

CPU 可通过插入等待状态来扩展总线周期的持续时间。这实际上是通过检测 $\overline{\text{READY}}$ 输入信号的逻辑电平来实现的。$\overline{\text{READY}}$ 输入信号也正是为此目的而提供的。该输入信号在每个总线周期的结尾时刻被采样,以确定当前的总线周期是否可以结束。在 $\overline{\text{READY}}$ 信号输入端的逻辑 1 电平表示当前的总线周期不能结束。只要该输入端保持在逻辑 1 电平,就说明存储器或 I/O 设备的读/写操作还未完成,此时应将当前的 T_2 状态变成等待状态 T_w 以扩展总线周期。直到外部硬件电路使 $\overline{\text{READY}}$ 信号回到逻辑 0 电平,这个总线周期才能结束。这种扩展总线周期的能力允许在较高速的微型计算机系统中使用较低速的存储器或 I/O 设备。

(2) 简化的 8086 总线时序

微处理器通过 3 种总线(地址总线、数据总线和控制总线)与存储器或 I/O 接口进行连接与通信。为了把数据写入存储器(或 I/O 接口),微处理器首先要把欲写入数据的存储单元的地址输出到地址总线上,然后把要写入存储器的数据放在数据总线上,同时发出一个写命令信号 $\overline{\text{WR}}$ 给存储器。

一个简化的 8086 写总线周期时序如图 3-8 所示。8086 的一个总线周期包含 4 个时钟周

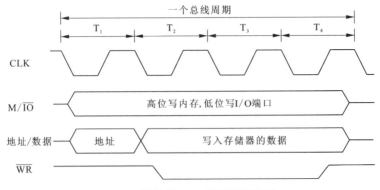

图 3-8 简化的 8086 写总线周期时序

期(即 T_1、T_2、T_3 和 T_4)。8086 采用地址和数据总线复用技术,即在一组复用的"地址/数据"总线上,先传送地址信息(T_1 期间),然后传送数据信息(T_2、T_3、T_4 期间),这样可以节省微处理器引脚数量。图 3-8 中的 M/$\overline{\text{IO}}$ 是 8086 的输出信号,表明本总线周期是访问存储器还是访问 I/O 接口,输出信号为"1"表示访问存储器,为"0"则表示访问 I/O 接口。

一个简化的 8086 读总线周期时序如图 3-9 所示。若要从存储器中读出数据,则微处理器首先在地址总线上输出所读存储单元的地址,接着发出一个读命令信号($\overline{\text{RD}}$)给存储器,经过一定时间(时间的长短取决于存储器的工作速度),数据被读出到数据总线上,微处理器通过数据总线将数据接收到它的内部寄存器中。

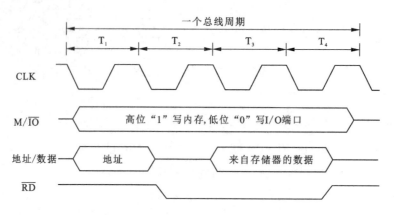

图 3-9　简化的 8086 读总线周期时序

需要说明的是,正如前面介绍"等待状态"的概念时所提到的,若被访问的存储器或 I/O 接口的工作速度较慢,不能在预定的时间完成数据读/写操作,则可通过在总线时序中插入等待状态(T_w)来扩展总线周期。而是否插入 T_w,可通过检测 8086 的 $\overline{\text{READY}}$ 信号输入引脚的逻辑电平来决定。

第 4 章　存储器

存储器是计算机系统的记忆设备，用来存放程序和数据。冯·诺依曼体系结构计算机最基本的工作原理是基于存储程序，所以存储器是计算机另一个非常重要的部件。计算机的存储器按用途可以分为内部存储器和外部存储器。内部存储器也称为内存，是主存储器，用来存放当前正在使用的或经常使用的程序和数据，一般由半导体存储器构成，CPU 可以直接快速对其进行访问。

4.1　半导体存储器

根据存储器工作特点及功能，半导体存储器又可分为随机存取存储器 RAM 和只读存储器 ROM 两大类，其具体分类如图 4-1 所示。

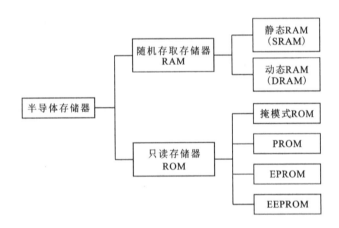

图 4-1　半导体存储器的分类

4.1.1　随机存取存储器 RAM

目前计算机使用的随机存取存储器 RAM 的芯片一般是 MOS 型的。MOS 型 RAM 包括静态 RAM(static RAM，SRAM)和动态 RAM(dynamic RAM，DRAM)两种类型。

（1）静态 RAM(SRAM)

静态 RAM 的基本存储单元也称位元，是组成存储器的基础和核心，用于存储一位二进制代码 0 或者 1。静态 RAM 的基本存储单元通常由 6 个 MOS 管组成，如图 4-2 所示。图中 T_1、T_2 为放大管，T_3、T_4 为负载管，这 4 个 MOS 管共同组成一个双稳态触发器。

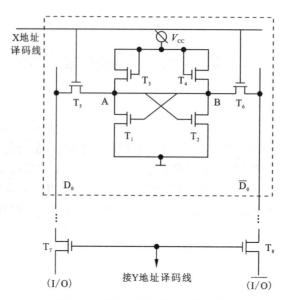

图 4-2　静态 RAM 基本存储单元

如果 T_1 导通，A 点为低电平，则 T_2 截止，B 点为高电平，又可保证 T_1 导通。反之如果 A 点为高电平，则 T_1 截止而 T_2 导通时，B 点为低电平，保持另外一种稳定状态。规定 A 点为高电平、B 点为低电平时为状态 1，B 点为高电平、A 点为低电平时为状态 0，则这个双稳态触发器可以保存一位二进制数据"0"或"1"。图中 T_5、T_6、T_7 和 T_8 为控制管。T_5、T_6 的栅极接到 X 地址译码线上，T_7、T_8 的栅极接到 Y 地址译码线上。当基本存储单元未被选中时，T_5、T_6、T_7 和 T_8 截止，A、B 点电平保持不变，存储信息不受影响。T_7、T_8 的漏极分别接到读写电路 I/O 的正、反端。T_7、T_8 被一列中所有基本存储单元共用，它们不属于任何一个存储单元。

对基本存储单元进行写操作时，X、Y 地址译码线均为高电平，使 T_5、T_6、T_7、T_8 导通。写入 1 时，I/O 线和 $\overline{\text{I/O}}$ 线上分别输入高、低电平，通过 T_7、T_5 置 A 点为高电平，通过 T_8、T_6 置 B 点为低电平。当写信号和地址译码信号撤去后，T_5、T_6、T_7、T_8 重新处于截止状态，于是 T_1、T_2、T_3、T_4 组成的双稳态触发器保存数据 1。写入数据 0 的过程与写入 1 时类似，不同的是 I/O 线和 $\overline{\text{I/O}}$ 线上输入的电平与写入 1 时相反。

对基本存储单元进行读操作时，X、Y 地址译码线均为高电平，使 T_5、T_6、T_7、T_8 导通。当该基本存储单元存放的数据是 1 时，A 点的高电平、B 点的低电平分别传给 I/O 线、$\overline{\text{I/O}}$ 线，则读出数据 1。存储数据被读出后，基本存储单元原来的状态保持不变。当基本存储单元存放的数据是 0 时，其读操作与读出数据 1 时类似。

静态 RAM 存储电路 MOS 管较多，集成度不高，同时由于 T_1、T_2 必定有一个导通，因此功耗较大。但其优点是不需要定期刷新电路，从而简化了外部控制逻辑电路，并且静态 RAM 存取速度比动态 RAM 快，因此通常用作计算机系统中的高速缓存(cache)。

常用的静态 RAM 芯片主要有 6116、6264、62256、628128 等。6116 芯片是 2 K×8 位的高

速静态 CMOS 可读写存储器，片内共有 16384 个基本存储单元。在 11 条地址线中，7 条用于行地址译码输入，4 条用于列地址译码输入，每条列地址译码线控制 8 个基本存储单元，从而组成 128 B×128 B 的存储单元矩阵，如图 4-3 所示。

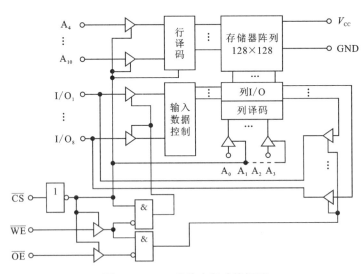

图 4-3　6116 芯片内部功能框图

6116 芯片有 11 条地址线（$A_0 \sim A_{10}$）、8 条数据线（$I/O_1 \sim I/O_8$）、1 条电源线（V_{cc}）和 1 条地线（GND）。此外还有 3 条控制线，即片选 $\overline{CS}$、输出允许 $\overline{OE}$、写允许 $\overline{WE}$，它们的组合决定了 6116 的工作状态。

读操作时，地址线 $A_0 \sim A_{10}$ 译码选中 8 个基本存储单元，控制线 $\overline{CS}$、$\overline{OE}$ 和 $\overline{WE}$ 分别是低电平、低电平和高电平，列 I/O 输出的 8 个三态门导通，被选中的 8 个基本存储单元所保存的 8 位数据（1 字节）经列 I/O 电路和三态门，到达 $I/O_1 \sim I/O_8$ 输出。

写操作与读操作类似，控制线 $\overline{CS}$、$\overline{OE}$ 和 $\overline{WE}$ 分别是低电平、高电平和低电平，"输入数据控制"的输入三态门导通，从 $I/O_1 \sim I/O_8$ 输入的 8 位数据经三态门、输入数据控制、列 I/O 输入到被选中的 8 个基本存储单元中。

无读写操作时 $\overline{CS}$ 为高电平，输入、输出三态门均为高阻态，6116 芯片脱离系统总线，无数据由 $I/O_1 \sim I/O_8$ 读出或写入。

（2）动态 RAM（DRAM）

动态 RAM 也是由许多"基本存储单元"按行、列形式构成的二维存储矩阵组成的。目前动态 RAM 基本存储单元由一个 MOS 管和一个小电容构成，称为"单管动态 RAM 基本存储单元电路"，其结构如图 4-4 所示。在这个基本存储单元电路中，二进制信息保存在电容 C 上，C 上充有电荷表示 1，C 上无电荷表示 0，即动态 RAM 是利用电容存储电荷的原理保存信息的。

对单管动态 RAM 基本存储单元电路进行读操作时，通过"行地址译码器"使某一条行选择线为高电平，则该行上所有基本存储单元中的 MOS 管 T 导通。这样，各列上的刷新放大器

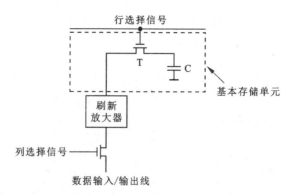

图 4-4　单管动态 RAM 基本存储单元电路

便可读取相应电容上的电压值。刷新放大器灵敏度很高，放大倍数很大，可将电容上的电压转换为逻辑 1 或 0，并控制将其重写到存储电容上。"列地址译码器"电路产生列选择信号，使选中行和该列上的单管动态 RAM 基本存储单元电路受到驱动，从而输出数据。

在进行写操作时，被行选择、列选择所选中的单管动态 RAM 基本存储单元电路的 MOS 管 T 导通，通过刷新放大器和 T 管，外部数据输入/输出线上的数据被送到电容 C 上保存。

由于任何电容均存在漏电效应，所以经过一段时间(10~100 ms)后电容上的电荷会流失殆尽，所存信息也就丢失了。尽管每进行一次读/写操作实际上是对单管动态 RAM 基本存储单元电路信息的一次恢复或增强，但是读/写操作的随机性不可能保证在一定时间内内存中所有的动态 RAM 基本存储单元都会有读/写操作。所以需要定期对内存中所有动态 RAM 基本存储单元进行刷新(refresh)，使原来表示逻辑 1 电容上的电荷得到补充，而原来表示逻辑 0 的电容仍保持无电荷状态。即刷新操作并不改变存储单元的原存内容，而是使其继续保持原来的信息存储状态。刷新是逐行进行的，当某一行选择信号为高电平时，选中了该行，则该行上所连接的各存储单元中电容上的电压都被送到各自对应的刷新放大器，刷新放大器将信号放大后又立即重写到电容 C 上。显然，某一时间段内只能刷新某一行，即这种刷新操作只能逐行进行。由于按行刷新时列选择信号总是为低电平，则由列选择信号控制的 MOS 管不导通，所以电容上的信息不会被送到外部数据输入/输出线上。

与静态 RAM 相比，动态 RAM 基本存储电路所用的 MOS 管少，因此可以提高存储器的信息存储密度并降低功耗。动态 RAM 的缺点是存取速度比静态 RAM 慢，并且由于定时刷新需增加相应的刷新支持电路，同时在刷新期间 CPU 不能对其进行读/写操作而损失了一部分有效存储器访问时间。DRAM 的高存储密度、低功耗及单元价格便宜的突出优点，使之非常适用于需要较大存储容量的系统中作为主存储器。现代 PC 均采用各种类型的 DRAM 作为可读写主存。

(3)同步 DRAM(SDRAM)

CPU 主频的进一步提高及多媒体技术的广泛使用，对内存的访问速度提出了更高的要求，于是同步 DRAM(SDRAM)应运而生。原来的 DRAM 芯片内的定时通常是由独立于 CPU 系统时钟的内部时钟提供的，而 SDRAM 的操作同步于 CPU 提供的时钟，存储器的许多内部操作均在该时钟信号的控制下完成，CPU 可以确定地知道下一个动作的时间，因而可以在此期间执行其他任务。例如，CPU 在锁存行地址和列地址之后去执行其他任务。此时 DRAM 在与 CPU 同步的时钟信号控制下执行读/写操作。在连续存取时，SDRAM 用一个 CPU 时钟周期即可完成一次数据访问和刷新，因而可以大大提高数据传输速率。

SDRAM 可以采用双存储体或四存储体结构，内含多个交叉的存储阵列，在 CPU 对一个存储阵列进行访问的同时，另一个存储阵列已准备好读/写数据，通过多个存储阵列的快速切换，存取效率成倍提高。

（4）DDR SDRAM

DDR（double data rate）SDRAM，即双倍数据速率 SDRAM，简称 DDR。它是在 SDRAM 的基础上发展起来的，经过改进，先后有 DDR2 和 DDR3 推出。不同类型的 DDR 在实现技术上有许多共同之处，例如为提高数据传输速率，不同类型的 DDR 都是利用外部时钟的上升沿和下降沿两次传输数据，为保证数据选通的精确定时，不同类型的 DDR 都采用了延时锁定环技术来处理外部时钟信号等。

当 SDRAM 技术发展到一定程度时，由于半导体制造工艺的限制，已很难进一步提升存储核心（存储矩阵）的工作频率，而 I/O 缓冲部分的工作频率的提升则相对容易，于是出现了双倍数据速率技术，即利用外部时钟的上升沿和下降沿两次传输数据来提高数据传输速率。此外，采用流水线操作方式中的"预取"概念，在 I/O 缓冲器向外部传输数据的同时，从内部存储矩阵中预取相继的多个存储字到 I/O 缓冲器中，并以几倍于内部存储矩阵工作频率的外部时钟频率将 I/O 缓冲器中的数据输出，从而有效地改善了存储器的读/写带宽（即数据传输速率）。

DDR1 支持预取 2 位，内部存储矩阵的工作频率和外部时钟频率一致，内部存储矩阵通过 2 路连接到 I/O 缓冲器上，由于可以在时钟信号的上升沿和下降沿传输数据，因此 DDR1-400 的数据传输速率达到 400 Mbps，是外部时钟频率的 2 倍。DDR2 支持预取 4 位，其内部存储矩阵通过 4 路连接到 I/O 缓冲器上，外部时钟频率是内部存储矩阵工作频率的 2 倍。因此，虽然 DDR2-533 的内部存储矩阵的工作频率只有 133 MHz，但其数据传输速率却达到 533 Mbps。

采用预取结构的 DDR 的写操作基本工作原理是，先将来自外部数据总线的数据送至 I/O 缓冲器寄存起来，待数据到齐后，再以相应的内部数据总线的宽度将其写到存储矩阵中。由于采用更先进的制造工艺及内部电路结构的改进，DDR SDRAM 的工作电压呈现下降的趋势，DDR2 和 DDR3 的工作电压分别为+1.8 V 和+1.5 V，意味着在相同存储容量的情况下，存储芯片的功耗大幅度降低。目前，DDR 已经成为市场上占主流地位的内存产品。

4.1.2 只读存储器 ROM

ROM 是只读存储器的简称，ROM 中的信息是预先写入的，在使用过程中只能读出不能写入。ROM 属非易失性存储器，即信息一经写入，掉电后信息也不会丢失。ROM 的用途是存放不需要经常修改的程序或数据，如 BIOS 程序、系统监控程序、显示器字符发生器中的点阵代码等。ROM 从功能和工艺上可分为掩模式 ROM、PROM、EPROM、EEPROM 及 FLASH 等几种类型。

掩模式 ROM 通常采用 MOS 工艺制作，一般采用矩阵阵列形式。在矩阵的行、列交叉处有的连接 MOS 管，有的没有连接 MOS 管，是否连接 MOS 管由芯片制造厂家根据用户提供的要写入 ROM 的程序或数据来确定，在工艺实现时，则由二次光刻版的图形（掩模）所决定，因此称为掩模式 ROM。掩模式 ROM 中的内容由制造厂家一次性写入，写入后便不能修改，灵活性差，并且少量生产时造价较高，只适用于定型批量生产。但其存储内容固定不变，可靠性高。

可编程只读存储器 PROM：芯片事先不存入任何程序和数据，存储矩阵的所有行、列交叉处均连接有二极管或三极管。PROM 芯片出厂后，用户可以利用芯片的外部引脚输入地址，对存储矩阵中的二极管或三极管进行选择，使其中一些被烧断，其余的保持原状，这样就向存储矩阵中写入了特定的二进制信息（可定义烧断处为 0，未烧断处为 1，或相反），即完成了所谓的编程。与掩模式 ROM 类似，PROM 中的存储内容一旦写入也无法更改，是一种一次性写入的只读存储器。不同的是，这种编程写入的操作是由用户而不是厂家完成的。

可擦可编程只读存储器 EPROM：实际工作中的程序或数据可能需要多次修改，作为一种可以多次擦除和重写的 ROM，其克服了掩模式 ROM 和 PROM 只能一次性写入的缺点，使用比较广泛。EPROM 的基本存储单元大多由浮空栅（简称浮栅）MOS 管 FAMOS 构成。FAMOS 管在初始状态时，浮栅上没有电荷，管子内没有导电沟道，漏极（D）和源极（S）不导通。写入时，在 D 和 S 两极间加上较高负电压，瞬时产生雪崩击穿，大量电子穿过绝缘层注入浮空栅，当高压电源撤去后，由于浮栅被绝缘层所包围，注入的电子在室温、无光照的条件下可以长期保存在浮栅中，于是在 D 和 S 两极之间形成了导电沟道，浮栅管导通。EPROM 芯片上方有一个石英玻璃窗口，当用一定波长（如 2537 Å）一定光强（如 12000 $\mu W/cm^2$）的紫外线透过窗口照射时，所有存储电路中浮栅上的电荷会形成光电流泄放掉，使浮栅恢复初态。一般照射 20~30 min 后，读出各单元的内容均为 FFH，说明 EPROM 中的内容已被擦除。可擦可编程只读存储器 EPROM 虽然可以多次编程，具有较好的灵活性，但在整个芯片中即使只有一个二进制位需要修改，也必须将芯片从机器（或板卡）上取下来并利用紫外线光源擦除后重写，因而给实际使用带来不便。

电可擦可编程只读存储器 EEPROM 也称 E^2PROM。它的工作原理与 EPROM 类似，当浮空栅上没有电荷时，管子的漏极和源极之间不导通，若通过某种方法使浮空栅带上电荷，则管子的漏极和源极导通。但在 E^2PROM 中，使浮空栅带上电荷与消去电荷的方法与 EPROM 是不同的。在 E^2PROM 中，漏极上增加了一个隧道二极管，它在第二栅极（控制栅）与漏极之间的电压 VG 的作用下（实际为电场作用下），使电荷通过其流向浮空栅，即起到编程作用；若 VG 的极性相反，可以使电荷从浮空栅流向漏极，即起到擦除作用。编程与擦除所用的电流是极小的，可用普通的电源供给。E^2PROM 的擦除可以按字节分别进行，这是 E^2PROM 的优点之一。字节的编程和擦除都只需 10 ms，并且不需要将芯片从机器上取下及用紫外线光源照射等特殊操作，因此可以在线进行擦除和编程，这就特别适合在现代嵌入式系统中用 E^2PROM 保存一些偶尔需要修改的少量数据。

闪存（flash memory）也称快擦写存储器，从基本工作原理上看其属于 ROM 型存储器。但由于它又可以随时改写其中的信息，所以从功能上看，它又相当于随机存取存储器 RAM。闪存可按字节、行或页面快速进行擦除和编程操作，也可整片进行擦除和编程，其页面访问速度可达几十至 200 ns。其片内设有命令寄存器和状态寄存器，因而具有内部编程控制逻辑，当进行擦除和编程时，可由内部逻辑控制操作。采用命令方式可以使闪存进入各种不同的工作方式，例如整片擦除、按页擦除、整片编程、分页编程、字节编程、进入备用方式、读识别码等。闪存可进行在线擦除与编程，擦除和编程时均无须把芯片取下。某些闪存产品可自行产生编程电压(V_{PP})，因而只用 V_{CC} 供电，在通常的工作状态下即可实现编程操作。此外，由于闪存只需一个晶体管即可保存一位二进制信息，因此可实现很高的信息存储密度。这与 DRAM 电路有些类似，不过由于在 DRAM 中用于存储信息的小电容存在漏电现象，所以需要动态刷新电路，不断对电容进行电荷补偿，否则所存信息将会丢失。而 flash 并不需要刷新操作即可长久保存信息。

NOR flash(或非型闪存)和 NAND flash(与非型闪存)是目前两种主要的闪存技术，其名称原意分别源于"或非门(NOR gate)"和"与非门(NAND gate)"，这与两种存储器内部结构有关。Intel 公司于 1988 年首先开发出 NOR flash 技术。紧接着，1989 年，东芝公司发表了 NAND flash 结构，强调降低每比特的成本，提高性能，并且像磁盘一样可以通过接口轻松升级。NOR flash 与 NAND flash 的主要技术差异是由它们的电气和接口特性决定的。NOR flash 可以直接运行代码，适用于存储可执行程序，如固件、引导程序、操作系统及一些很少变化的数据，在 PAD 和手机中广泛使用。而 NAND flash 存储密度高，适合于存储数据，常用在 MMC(多媒体存储卡)、数码相机和 MP3 中。

4.2　计算机存储层次结构

从计算机的应用需要来说，总是希望存储器的存储容量大，存取速度快，且单位存储价格便宜。但出于技术或经济方面的原因，存储器的这些性能指标往往是相互矛盾、互相制约的。例如主存的存取速度较快，但其容量较小、单位存储价格较高，而辅存的存储容量较大、单位存储价格较低，但存取速度较慢。所以，单独用同一种类型的存储器很难同时满足容量大、速度快及价格低这三方面的要求。

为了发挥各种不同类型存储器的长处，避开其弱点，应把它们合理地组织起来，这就出现了存储系统层次结构的概念。实际上，在计算机发展的初期，人们就已经意识到要扩大存储器的存储容量并兼顾存取速度的要求。而这仅靠单一结构的存储器是行不通的，至少需要由主存和辅存这两种类型的存储器形成二级存储器结构，把存储容量有限、存取速度较快的存储器作为主存储器(内部存储器)，而把存储容量大但存取速度较慢的存储器作为主存储器的后备存储器，即辅助存储器(外部存储器)。两种类型的存储器合理组织，协同工作，从而最大限度地提高计算机系统的整体性能。实际计算机中的存储器系统层次结构如图 4-5 所示。

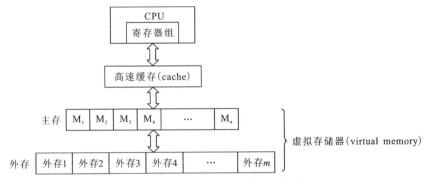

图 4-5　计算机存储系统层次结构

整个存储系统分为四级，即寄存器组、高速缓存、主存（由多个主存模块构成）及外存（由多个外存设备构成），整体上是一个金字塔结构。在这个金字塔结构中，越靠近 CPU 的存储器，其存储容量越小，存取速度越快，单位存储价格越高；越远离 CPU 的存储器，其存储容量越大，存取速度越慢，单位存储价格越低。

第一级存储器是位于 CPU 内部的寄存器组，处于整个存储系统层次结构的最高级。它距离 CPU 最近，且由高速逻辑电路构成，所以 CPU 能以极高的速度访问这些寄存器，一般在单时钟周期内即可完成。一个拥有较多内部通用寄存器的微处理器有利于提高系统的总体性能。从整体结构上来说，设置微处理器内部的一系列寄存器是为了尽可能减少微处理器直接访问其外部存储器的次数。但由于这些寄存器位于微处理器内部，受芯片面积、功耗及管理等方面的限制，所以内部寄存器的数量不可能太多，且要有很高的工作速度。

第二级存储器是高速缓存（cache）。高速缓存的概念和技术在早期大、中型计算机的设计中就已采用。在现代微处理器及微型计算机设计中是从 80386 开始引入 cache 技术的，开始时其容量很小，只有几千字节，并且主要以片外 cache 的形式出现。目前高速缓存的容量已达几兆字节，不仅具有片外 cache，并且自 80486 开始，为进一步提高访问速度，在微处理器内部也集成了一小部分 cache，称为第一级 cache 或片内 cache；而将位于微处理器外部的 cache 称为第二级 cache 或片外 cache。高速缓存往往由存取速度较高的静态 RAM（SRAM）存储芯片构成。

第三级存储器是计算机系统的主存储器，简称主存或内存。主存用于存放计算机运行时正在使用的程序和数据。主存实际上是高速缓存的后备存储器，这与辅存是主存的后备存储器的情况是类似的。所以，主存可以采用存取速度较慢（相对 cache）、价格便宜的存储芯片，通常由动态 RAM（DRAM）构成，从而提高存储系统的整体性能价格比。另外，主存除大部分使用动态 RAM 外，还包括少量保存固化程序和数据（如 BIOS 程序）的只读存储器 ROM。这些只读存储器常由 EPROM 及 E^2PROM 构成，现代计算机通常使用闪存来存放这些固化程序和数据，以方便地实现系统的在线更新与升级。

第四级存储器是大容量的外部存储器（外存），即计算机系统中由磁带、磁盘及光盘等设备构成的存储器。这些存储器通常已不属于半导体存储器的范畴，但近年来随着 flash 存储技术的崛起，也可采用具有很高存储密度的 flash 存储器（半导体存储器）替代传统的机械式硬盘。目前外存的容量可达几百吉字节，甚至更高，单位存储价格便宜，但存取速度比主存要慢。

上述四级存储系统也可看成两个二级存储系统：高速缓存—主存及主存—外存。但这两个二级存储系统的基本功能和设计目标是不相同的，前者的主要目的是提高 CPU 访问存储器的速度，而后者是为了弥补主存容量的不足。另外，这两个二级存储系统的数据通路和控制方式也不相同。在"主存—外存"的存储系统中，CPU 与外存之间没有直接的数据通路，外存必须通过主存与 CPU 交换数据。

此外，现代微型计算机通常已具有虚拟存储器的管理能力。这时的外存空间用来作为主存空间的延续或扩展，可以使程序员在比实际主存空间大得多的存储空间编写程序。虚拟存储器主要由操作系统软件结合适当硬件（存储管理部件 MMU）来实现。而高速缓存由专门的硬件（cache 控制器）来实现，且对程序员（包括应用程序员和系统程序员）是完全透明的。

4.3　计算机内部存储器

4.3.1　内部存储器基本结构

计算机内部存储器的基本结构及其与 CPU 的连接情况如图 4-6 所示，图中显示了内部存储器与 CPU 之间的地址、数据及控制信息的流动概况。其中虚线框内为内部存储器。

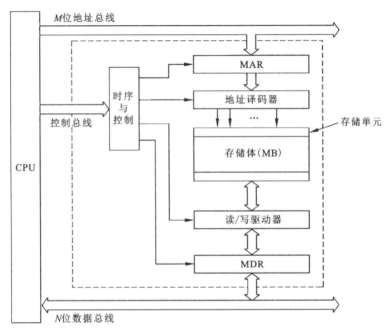

图 4-6　计算机内部存储器基本结构及其与 CPU 的连接情况

在内部存储器中，存储体（MB）是存储二进制信息的存储电路的集合体。内部存储器通过 M 位地址总线、N 位数据总线及一组控制信号线与 CPU 交换信息。存储体由一系列（2^M 个）存储单元构成，每个存储单元的位数为 N 位。M 位地址总线经过译码后选择访问的存储单元，N 位数据总线用来在 CPU 和内存之间传送数据信息，而 CPU 对内存的读写操作均是在控制信号的作用下完成的。

当 CPU 执行读存储器操作时，首先将地址码经过地址总线送入存储器地址寄存器 MAR，MAR 中的地址码经"地址译码器"译码后选中相应的存储单元，然后使读控制信号有效，被选中的存储单元中的内容经"读/写驱动器"读入存储器数据寄存器 MDR，最后通过数据总线送入 CPU 的内部寄存器中。

当 CPU 执行写存储器操作时，同样先输出地址到 MAR，紧接着将数据放置到数据总线上，然后使写控制信号 $\overline{WR}$ 有效，最后将数据写入所选内存单元。

为了保证可靠的读/写操作，必须充分满足存储器的时序要求，即严格按照存储芯片厂家规定的时序参数安排读/写时序。

另外，在实际的计算机系统中，整个存储器往往又由若干个存储模块构成。一个存储模块早期可能是一块存储器插件板，目前通常是特定规格的内存条。

4.3.2 内部存储器数据格式

在计算机系统中，作为一个整体一次读出或写入存储器的数据称为"存储字"。不同机器的存储字的位数有所不同，例如 8 位机（如 8080/8085）的存储字是 8 位（即 1 字节），16 位机（如 8086）的存储字是 16 位，32 位机（如 80386、80486 及 Pentium 等）的存储字是 32 位。在现代计算机系统，特别是微机系统中，内部存储器通常是以字节编址的，即一个内存地址对应 1 字节存储单元。这样一个 16 位存储字就占了连续的 2 字节存储单元，32 位存储字占了连续的 4 字节存储单元，由此类推。

对于 Intel 80x86 系统，一个多字节的存储字的地址是多个连续字节单元中最低端字节单元的地址，而此最低端存储单元中存放的是多字节存储字中的最低字节。例如，32 位（4 字节）存储字 11223344H 在内存中的存放情况如图 4-7 所示，整个存储字占 10000H～10003H 共 4 字节单元，其中最低字节 44H 存放在 10000H 单元中，该 32 位存储字的地址即是 10000H。这种数据存放格式称为"小端存储格式"。

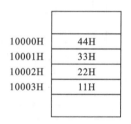

10000H	44H
10001H	33H
10002H	22H
10003H	11H

图 4-7　80x86 系统 32 位存储字 11223344H 在内存中的存放情况

4.4 存储器管理

4.4.1 存储器分段

我们知道，如果 CPU 能输出 20 位地址（如 8086 微处理器），则可直接寻址的存储空间为 $2^{20}B = 1$ MB。但实模式下 8086 微处理器所使用的寄存器均是 16 位的，内部 ALU 也只能进行 16 位运算，其寻址范围为 $2^{16}B = 65536B（64$ KB）。为了实现对 1 MB 的寻址，80x86 系统采用了存储器分段技术。具体做法是，将 1 MB 的存储空间分成许多逻辑段，每段最长 64 KB，可以用 16 位地址码进行寻址。每个逻辑段在实际存储空间中的位置是可以浮动的，其起始地址由段寄存器的内容来确定。实际上，段寄存器中存放的是段起始地址的高 16 位，称为"段基值"。

如 8086 微处理器中设置了 4 个段寄存器。它们分别是代码段寄存器 CS、数据段寄存器 DS、附加段寄存器 ES 和堆栈段寄存器 SS。因此任何时候 CPU 都可以定位当前可寻址的 4 个逻辑段，分别称为当前代码段、当前数据段、当前附加段和当前堆栈段。当前代码段的段基值(即段基地址的高 16 位)存放在 CS 中,该段的存储空间存放程序的可执行指令;当前数据段的段基值存放在 DS 中,当前附加段的段基值存放在 ES 中,这两段的存储空间存放程序中参加运算的操作数和运算结果;当前堆栈段的段基值存放在 SS 中,该段的存储空间用作程序执行时的存储器堆栈。

各个逻辑段在实际的存储空间中可以完全分开,也可以部分重叠,甚至完全重叠。这种灵活的分段方式如图 4-8 所示。

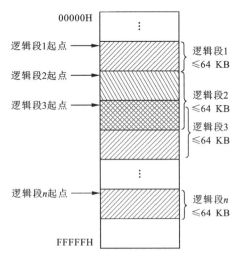

图 4-8　存储器中的逻辑段分段方式

4.4.2　存储器寻址

计算机 CPU 中设计有地址变换功能,所访问的存储单元可以看成两种地址:物理地址和逻辑地址。物理地址是信息在存储器中实际存放的地址,它是 CPU 访问存储器时实际输出的地址。例如,实模式下 8086 的物理地址是 20 位,存储空间为 $2^{20}B = 1$ MB,地址范围从 00000H 到 FFFFFH。CPU 和存储器交换数据时所使用的就是这样的物理地址。

逻辑地址是编程时使用的地址,或者说程序设计时所涉及的地址是逻辑地址而不是物理地址。编程时不需要知道产生的代码或数据在存储器中的具体物理地址,这样可以简化存储资源的动态管理。在实模式下的软件结构中,逻辑地址由"段基值"和"偏移量"两部分构成。段基值是段的起始地址的高 16 位。偏移量(offset)也称偏移地址,它是所访问的存储单元与段起始地址之间的字节距离。给定段基值和偏移量,就可以在存储器中寻址所访问的存储单元。

在实模式下,段基值和偏移量均是 16 位的。段基值由段寄存器 CS、DS、SS、ES、FS 和 GS 提供,偏移量由 BX、BP、SP、SI、DI、IP 或以这些寄存器的组合形式来提供。

实模式下 CPU 访问存储器时的 20 位物理地址可由逻辑地址转换而来。如图 4-9 所示,将段寄存器中的 16 位段基值左移 4 位(低位补 0),再与 16 位的偏移量相加,即可得到所访问存储单元的物理地址。逻辑地址转换为物理地址的过程也可以表示成计算公式:

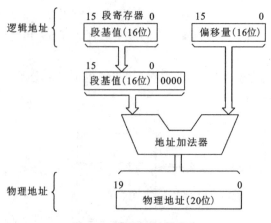

图 4-9　物理地址的产生

物理地址＝段基值×16+偏移量

式中的"段基值×16"在微处理器中是通过将段寄存器的内容左移 4 位(低位补 0)来实现的,与偏移量相加的操作则由地址加法器完成。

需要说明的是,每个存储单元都有唯一的物理地址,但它可以由不同的"段基值"和"偏移量"转换而来,只要把段基值和偏移量改变为相应的值即可。也就是说,同一个物理地址可以与多个逻辑地址相对应。例如,段基值为 0020H,偏移量为 0013H,构成的物理地址为00213H。如将段基值改变为 0021H,配以新的偏移量 0003H,其物理地址仍然是 00213H,如图 4-10 所示。

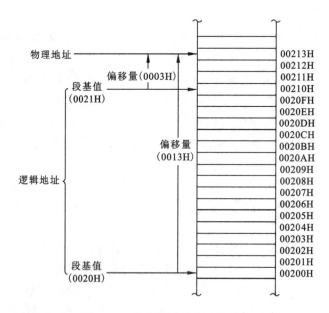

图 4-10　物理地址对应逻辑地址

　　由段基值(段寄存器的内容)和偏移量相结合的存储器寻址机制也称为"段加偏移"寻址机制,所访问的存储单元的地址常被表示成"段基值:偏移量"的形式。例如,若段基值为2000H,偏移量为3000H,则所访问的存储单元的地址为2000H:3000H。

　　如图4-11所示,一个64 KB的存储器段起始于10000H,结束于1FFFFH,段寄存器的内容为1000H,偏移量为2000H。通过段基值(段寄存器的内容)和偏移量就可以找到存储器中的被选单元,偏移量是自段的起始位置到所选存储单元之间的字节距离。

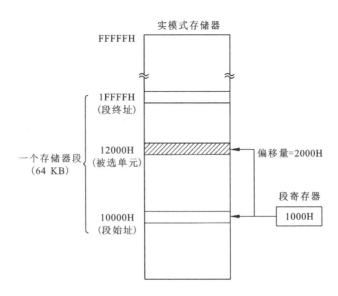

图4-11　实模式下存储器寻址

　　该段的起始地址10000H是由段寄存器内容1000H左移4位、低位补0(或在1000H后边添加0H)得到的。段的结束地址1FFFFH是段起始地址10000H与段长度FFFFH(64 KB)相加的结果。在这种"段加偏移"寻址机制中,由于是将段寄存器的内容左移4位(相当于乘以十进制数16)来作为段的起始地址的,所以实模式下各个逻辑段只能起始于存储器中16字节整数倍的边界。这样可以简化实模式下CPU生成物理地址的操作。通常称这16字节的小存储区域为"分段"或"节"。

　　在"段加偏移"寻址机制中,微处理器有一套用于定义各种寻址方式中段寄存器和偏移地址寄存器的组合规则。例如,代码段寄存器总是和指令指针寄存器组合用作寻址程序的一条指令。这种组合是CS:IP还是CS:EIP取决于微处理器的操作模式。代码段寄存器定义代码段的起点,指令指针寄存器指示代码段内指令的位置。这种组合(CS:IP或CS:EIP)定位微处理器执行的下一条指令。例如,若CS=2400H,IP=1234H,则微处理器从存储器的2400H:1234H单元,即25234H单元取下一条指令。

　　8086~80286微处理器中各种默认的16位"段加偏移"寻址组合方法如表4-1所示。

表 4-1 默认的 16 位"段加偏移"寻址组合方法

段寄存器	偏移地址寄存器	主要用途
CS	IP	指令地址
SS	SP 或 BP	堆栈地址
DS	BX、DI、SI、8 位或 16 位数	数据地址
ES	串操作指令的 DI	串操作目的地址

"段加偏移"寻址机制给系统带来的一个突出优点就是允许程序或数据在存储器中重定位。重定位是程序或数据的一种重要特性，它是指一个完整的程序或数据块可以在有效的存储空间中任意地浮动并重新定位到一个新的地址区域。这是由于在现代计算机的寻址机制中引入了分段的概念之后，用于存放段地址的段寄存器的内容可以由程序重新设置，所以在偏移地址不变的情况下，就可以将整个程序或数据块移动到存储器任何新的可寻址区域。例如，一条指令位于距段首（段起始地址）6 字节的位置，它的偏移地址是 6。当整个程序移到新的区域时，这个偏移地址 6 仍然指向距新的段首 6 字节的位置，只是段寄存器的内容必须重新设置为程序所在的新存储区的地址。如果没有这种重定位特性，一个程序在移动之前必须大范围重写或改写，这要花费大量时间，且容易出现差错。"段加偏移"寻址机制所带来的这种可重定位特性，使编写与具体位置无关的程序（动态浮动码）成为可能。

4.4.3 堆栈

堆栈是存储器中一个特定的存储区，它的一端（栈底）是固定的，另一端（栈顶）是浮动的，信息的存入和取出都只能在浮动的一端进行，并且遵循后进先出（last-in first-out）的原则。堆栈主要用来暂时保存程序运行时的地址或数据信息。例如，当 CPU 执行调用指令时，用堆栈保存程序的返回地址（亦称断点地址）；在中断响应及中断处理时，通过堆栈"保存现场"和"恢复现场"；有时也利用堆栈为子程序传递参数。

堆栈是在存储器中实现的，并由堆栈段寄存器 SS 和堆栈指针寄存器 SP 来定位。SS 中存放的是堆栈段的段基值，它确定了堆栈段的起始位置。SP 中存放的是堆栈操作单元的偏移量，SP 总是指向栈顶。如图 4-12 所示，堆栈的基本结构是所谓"向下生长的"，即栈底在

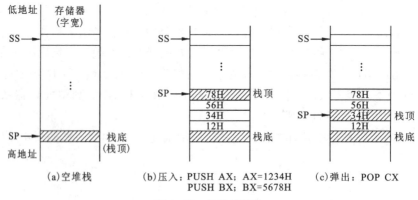

(a)空堆栈 (b)压入：PUSH AX；AX=1234H   (c)弹出：POP CX
              PUSH BX；BX=5678H

图 4-12 堆栈的结构

堆栈的高地址端,当堆栈为空时 SP 指向栈底。因此,堆栈段的段基址(由 SS 确定)并不是栈底。实模式下的堆栈为 16 位宽(字宽),堆栈操作指令(PUSH 指令或 POP 指令)对堆栈的操作总是以字为单位进行的,即要进栈(PUSH 指令)时,先将 SP 的值减 2,然后将 16 位的信息压入新的栈顶;要出栈(POP 指令)时,先从当前栈顶取出 16 位的信息,然后将 SP 的值加 2。实际上,堆栈的操作既不对堆栈中的项进行移动,也不清除它们。进栈时在新栈顶写入信息,出栈时则只是简单地改变 SP 的值并指向新的栈顶。

4.5 存储器接口

CPU 对存储器进行读/写时,首先要对存储芯片进行选择(称为片选),然后从被选中的存储芯片中选择所要读/写的存储单元。片选是通过地址译码来实现的,根据地址总线高位地址译码方案的不同,存储器接口中实现片选控制的方式通常有 3 种,即全译码方式、部分译码方式及线选方式。

全译码方式是除了将地址总线的低位地址直接连至各存储芯片的地址线外,将余下的高位地址全部用于译码,译码输出作为各存储芯片的片选信号。采用全译码方式的优点是存储器中每一个存储单元都有唯一确定的地址,缺点是译码电路比较复杂。

部分译码方式就是只选用地址总线高位地址的一部分(而不是全部)进行译码,以产生存储器芯片的片选信号。采用部分译码方式,存在一个存储单元有多个地址与其对应的"地址重叠"现象。例如,若有一位地址不参加译码,则一个存储单元将有两个地址与其对应。显然,如果有 n 位地址不参加译码,则一个存储单元将有 2^n 个地址与其对应。

线选方式就是地址总线的高位地址不经过译码,直接将某些高位地址线作为片选信号接至各存储芯片的片选输入端,即采用线选方式根本不需要使用片选译码器。线选方式的突出优点是无须使用片选译码器,缺点是存储地址空间被分成了相互隔离的区段,造成地址空间的不连续(片选线多于一位为 0 及片选线为全 1 的地址空间不能使用),给编程带来不便。线选方式通常适用于存储容量较小且不要求存储容量扩充的小系统。

4.5.1 存储接口设计

存储器接口设计是指根据给定的存储芯片及存储容量和地址范围的要求,具体构成(设计)所要求的存储器子系统。其要求我们了解一个现成的存储器接口电路,能正确分析其存储容量及构成该存储器的各个存储芯片的地址范围。

如已知一个 RAM 和 EPROM 存储器子系统,如图 4-13 所示,如何计算其中 RAM 和 EPROM 的存储容量及各自的地址范围?图中的芯片 74LS138 是一种常用的地址译码器,通过对地址译码来实现存储芯片的片选。74LS138 是"3-8 译码器",在译码状态下 3 个译码输入端 A、B、C 决定 8 个输出端的状态。由于通常片选是低电平选中相应的存储芯片,因此 74LS138 输出也是低电平有效。根据连线,想要选中 RAM 芯片,则 74LS138 的 Y_1 需要输出低电平,这就要求与 74LS138 的控制端和输入端相连接的 CPU 地址线 $A_{19} \sim A_{12}$ 输出电平为 "11111001"。而 CPU 地址线 A_{11} 与 RAM 并不相连,未参与 RAM 的地址译码,因此该位的电平不影响 RAM,可以为"0"或"1"。CPU 地址线 $A_{10} \sim A_0$ 与输出 RAM 的地址线直接相连,实现对 RAM 芯片内的存储单元从"00000000000"到"11111111111"的寻址。所以对于 CPU 而言，RAM 的地址范围为：

$$11111001\ 0\ 00000000000 \sim 11111001\ 0\ 11111111111$$

或

$$11111001\ 1\ 00000000000 \sim 11111001\ 1\ 11111111111$$

写成十六进制形式为"F9000H～F97FFH"或"F9800H～F9FFFH"。

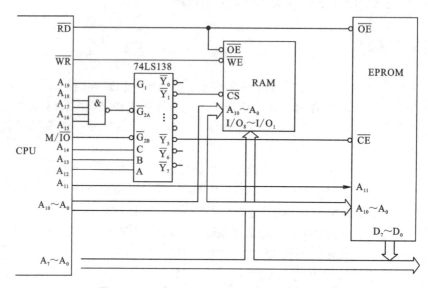

图 4-13　一个 RAM 和 EPROM 存储器子系统

所以，RAM 地址范围为 F9000H～F97FFH 或 F9800H～F9FFFH，存储容量为 2 KB。同理可计算分析出 EPROM 的地址范围为 FD000H～FDFFFH，存储容量为 4 KB。

再来看一个例子，如何利用 EPROM 2732（4 K×8 位）、SRAM 6116（2 K×8 位）及译码器 74LS138 设计一个包含 16 KB ROM 和 8 KB RAM 的存储子系统？要求 ROM 的地址范围为 F8000H～FBFFFH，RAM 的地址范围为 FC000H～FDFFFH。系统地址总线为 20 位（$A_0 \sim A_{19}$），数据总线为 8 位（$D_0 \sim D_7$）。片选控制采用全译码方式。

通过分析，16 KB ROM 需用 4 片 EPROM 2732，8 KB RAM 需用 4 片 SRAM 6116。用 74LS138 作片选译码器，其输入、输出信号的接法依存储芯片的地址范围要求而定。

4.5.2　双端口存储器

常规的存储器是单端口存储器，它只有一套数据、地址和读/写控制电路，每次只接收一个地址，访问一个编址单元，读出或写入该单元中的数据。这样，当 CPU 执行双操作数的指令时，就需要分两次存取操作数，工作速度较低。主存储器是整个计算机系统的信息交换中心，一方面，CPU 要频繁地访问主存，从中读取指令，存取数据；另一方面，外围设备也需经常与主存交换信息。而单端口存储器每次只能接受一个访存者，或读或写，这影响了系统的工作速度。针对这种情况，在某些系统或部件中采取双端口存储器，如 2 K×8 位的双端口 RAM 芯片 IDT7132、2 K×16 位的双端口 RAM 芯片 IDT7133 等。

双端口存储器是指同一个存储器具有两组相互独立的数据、地址和读/写控制电路，由于能够进行并行的独立操作，所以是一种高速工作的存储器。其两个端口可以按各自接收的地址，从译码后选定的存储器单元中读出或写入数据。双端口存储器不是指两个独立的存储器，它的两套读/写端口的访问空间是相同的，可以并行访问同一区间或同一单元。当然，当两个端口同时访问同一存储单元时，很可能会发生读、写冲突。例如当一个端口要更新(写)某存储单元内容时，另一个端口希望读出该单元更新前的内容。此时，更新操作需延迟进行。对此，可通过设置 BUSY 标志的方法来解决，由存储器的判断逻辑决定让哪个端口优先进行操作，而暂时关闭另一个被延迟访问的端口。

CPU 运算器中常采用双端口存储器作为通用寄存器组，它能快速提供双操作数或快速实现寄存器间的数据传送。还有一种应用是让双端口存储器的一个读/写端口面向 CPU，另一个读/写端口面向外围设备的 I/O 接口，从而提高系统的整体信息吞吐量。此外，在多处理机系统中常采用双端口存储器甚至多端口存储器，作为各 CPU 的共享存储器，实现多 CPU 之间的通信。目前，在嵌入式系统开发中，双端口存储器也有广泛的应用。

4.6　高速缓存

对大量典型程序的运行情况的分析结果表明，在一个较短的时间间隔内，由程序产生的地址往往集中在存储器逻辑地址空间的很小范围内。指令地址的分布本来就是连续的，再加上循环程序段和子程序段要重复执行多次，因此，对这些地址的访问就自然具有时间上集中分布的倾向。数据分布的这种集中倾向不如指令明显，但对数组的存储和访问及工作单元的选择都可以使存储器地址相对集中。这种对局部范围的存储地址频繁访问，而对此范围以外的地址访问甚少的现象，称为"程序访问的局部性"。

程序访问的局部性通常有两种形式，即时间局部性和空间局部性。在一个具有良好时间局部性的程序中，被访问过的一个存储单元很可能在不远的将来被多次访问。在一个具有良好空间局部性的程序中，如果一个存储单元被访问过一次，那么程序很可能在不远的将来访问附近的另一个存储单元。程序访问的局部性是高速缓存技术的基本依据。

静态 RAM(SRAM)的工作速度很快，但其价格较高。动态 RAM(DRAM)要便宜得多，但速度较慢。为了实现主存与 CPU 之间的速度匹配，在 CPU 和主存之间增设一个容量不大但操作速度很快的存储器——高速缓存，以达到既有较高的存储器访问速度，又有较为合适的性能价格比。目前，一般采用高速、小容量的 SRAM 作为高速缓存，用相对低速、容量较大但价格便宜的 DRAM 作为高速缓存的后备存储器(即主存)，从而形成一个由 SRAM 和 DRAM 共同构成的组合存储系统，使之兼有 SRAM 和 DRAM 的优点，从而提高整个存储系统的性能价格比。

4.6.1　Cache 工作过程

Cache 的功能主要通过硬件来实现，并且对程序员完全透明。Cache 存储系统主要包括 cache 模块(SRAM)、cache 控制器、主存(DRAM)3 个组成部分，如图 4-14 所示。

在 cache 存储系统中，主存中保存机器运行时的全部现行程序和数据。当 CPU 第一次执行一个程序段时，指令相继从主存中取出并予以执行。同时，最近取出的指令被自动保存在 cache 中，即 cache 中存放着主存中程序的部分副本。在程序执行时，循环程序段被复制

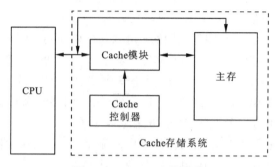

图 4-14　Cache 存储系统

到 cache 中。当循环程序的指令被重复执行时，CPU 将通过使用保存在 cache 中的指令再次访问该子程序，而不是从主存中再次读取这些指令。这样就极大地减少了对低速主存的访问次数，加快了程序的整体执行速度。在循环程序执行期间，要访问的数据（操作数）也同样能被缓存于 cache 中。如果在循环程序执行时再次访问这些操作数，那么同样是从 cache 中而不是从主存中将它们读出（或写入）。这就进一步减少了该程序段的执行时间。

让我们进一步看一下 cache 的基本工作过程。当 CPU 要访问存储器并把要访问的存储单元的地址输出到地址总线上时，cache 控制器首先要检查并确定要访问的信息是存放在主存中还是在 cache 中。如果是在 cache 中，则不启动访问主存的总线周期，而是直接访问已存储在 cache 中的信息副本，这种情况称为 cache"命中"。相反，如果输出到地址总线上的地址并不与被缓存的信息相对应，则称为 cache"缺失"，此时 CPU 将从主存中读取指令代码或数据，并将其写入（复制）相应的 cache 单元中。之后再访问这些信息时，就可以直接在 cache 中进行而不必访问低速的主存。

命中率是高速缓存系统操作有效性的一种测度。命中率被定义为 cache 命中次数与存储器访问总次数之比，用百分比来表示，即

$$命中率=（命中次数/访问总次数）×100\%$$

较高的命中率来自较好的高速缓存设计。如果设计和组织得很好，那么程序运行时所用的大多数指令代码和数据都可在 cache 中找到，即在大多数情况下能命中 cache。例如，若高速缓存的命中率为 90%，则意味着 CPU 可以用 90% 的存储器总线周期直接访问 cache。换句话说，仅有 10% 的存储器访问是对主存进行的。具体而言，cache 的命中率与 cache 的容量大小、组织方式及 cache 的更新控制算法等因素有关。当然，还与所执行的程序有关。即对于同一种高速缓存设计，不同的应用程序，其 cache 命中率可能是完全不同的值。在 80386 计算机中，使用组织得较好的 cache 系统，命中率可达 95%，某些大型计算机系统的 cache 命中率可达 99%。

4.6.2　Cache 组织方式

在 cache 系统中，主存总是以"行"（也称"块"）为单位与 cache 进行映像的。在 32 位的微机系统中，通常采用的"行"的大小为 4 字节，即一个双字（32 位）。CPU 访问存储器时，如果所需要的字节不在 cache 中，则基于程序访问局部性，cache 控制器会把该字节所在的整行

（4字节）从主存复制到 cache 中，以后就可以直接从 cache 中进行相邻字节的访问。

　　主存和 cache 之间有各种不同的映像方式，如全相联映像方式、直接映像方式及组相联映像方式等。按照主存和 cache 之间的不同映像方式，也有各种不同的 cache 组织方式。

　　"直接映像"组织方式也称"单路组相联"。图 4-15 为 64 KB 的"直接映像"高速缓存的组织方式示意图。Cache 存储器被安排成一个单一的 64 KB 的存储体，而主存被看成 64 KB 的页序列，依次标注为 page 0~page n。在这种直接映像的 cache 系统中，主存所有页中具有相同偏移量的存储行[图中标为 X(0)~X(n)]，均映像到 cache 存储阵列中并标为 X 的同一存储行。也就是说，主存的一个 64 KB 页的每一行映像到 64 KB cache 存储器的各个对应行。与其他映像方式相比，直接映像方式的优点是比较容易实现。Cache 控制器相对简单，成本低。其缺点是每个主存行只能固定地映像到 cache 中一个特定位置的行中。如果两个主存行都要映像到同一位置的行中，就会发生行冲突，这会导致一些主存行要在同一 cache 行中不断地交替存放，从而使 cache 命中率大大降低。而且在发生行冲突时，即使当时 cache 中有很多空闲行也用不上，因而其 cache 利用率也较低。

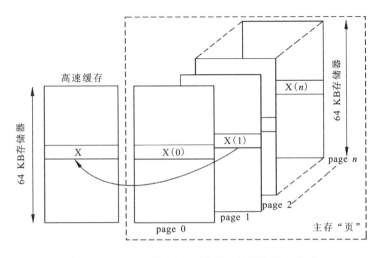

图 4-15　64 KB 的"直接映像"高速缓存组织方式

　　图 4-16 为"两路组相联"高速缓存的组织方式，64 KB 的 cache 存储器分成了两个 32 KB 的存储体，即 cache 阵列被分成了两路：BANK A 和 BANK B。主存被看成大小等于 cache 中一个 BANK 容量的页序列。但由于此时一个 BANK 为 32 KB，所以主存的页数是直接映像方式的两倍。这样，主存每页中特定偏移量的存储行，可映像到 BANK A 或 BANK B 的相同存储行。例如，X(2)单元既可映像到 X(A)，也可映像到 X(B)。

　　与"直接映像"组织方式相比，"两路组相联"的组织方式可形成较高的 cache 命中率。其缺点是 cache 控制器较复杂。

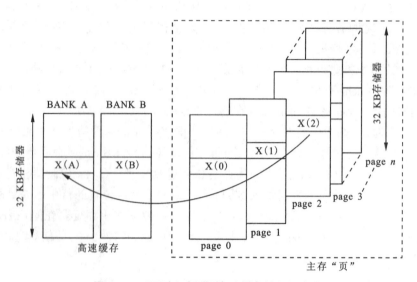

图 4-16 "两路组相联"高速缓存的组织方式

4.6.3 Cache 更新与替换

Cache 中所存信息实际上是主存所存信息的部分副本，即在 cache 系统中，同样一个数据可能既存在于主存中，也存在于 cache 中。因此，当数据更新时，有可能 cache 已更新，而主存未更新，这就造成了 cache 与主存数据的不一致。另外，在多处理器环境或具有 DMA 控制器的系统中，有多个总线主设备可以访问主存。这时，可能其中有些部件是直接访问主存的，也可能每个处理器配一个 cache，于是又会产生主存中的数据已被某个总线主设备更新过，而某个处理器所配 cache 中的内容未更新的情况，这也会造成 cache 与主存数据的不一致。无论是上述两种情况中的哪一种，都会导致 cache 和主存数据的不一致。如果不能保证 cache 和主存数据的一致性，那么之后的程序运行就可能出现问题。

对于第一种不一致性问题（即 cache 已更新而主存未更新的问题），常见的解决办法有通写法、缓冲通写法和回写法。

通写法也称全写法，即当 CPU 把数据写到 cache 中时，cache 控制器会同时把数据写入主存对应位置，使主存中的原本和 cache 中的副本同时修改。这样，主存随时跟踪 cache 的最新版本，就不会出现 cache 更新而主存未更新的不一致性问题。此种方法的优点是控制简单，缺点是每次 cache 更新，都会产生对主存的写入操作，从而造成总线活动频繁，影响系统性能。另外，采用这种方法，写操作的速度仍被低速的主存所限制，未能在写操作方面体现出 cache 的优越性。

缓冲通写法是在主存和 cache 之间增设一些缓冲寄存器，当 cache 更新时，也对主存进行更新，但是 CPU 要先把写入的数据和地址送入缓冲寄存器，在 CPU 进入下一个操作时，再由这些缓冲寄存器将数据自动写入主存，以使 CPU 不至于在写回主存时处于等待状态而浪费时间。不过采用此方法，缓冲寄存器只能保存一次写入的数据和地址，如果有两次连续写操作，CPU 还需要等待。

回写法是暂时只向 cache 写入(不写主存),并将一位写标志置 1 来加以注明,直到经过修改的副本信息必须从 cache 中替换出去时才一次写回主存,代替未经修改的原本信息。也就是说,只有写标志置 1 的行才最后从 cache 中一次写回主存,所以真正写入主存的次数将少于程序的总写入次数,从而提高了系统性能。但在写回主存之前,主存中的原本信息由于未能及时修改,所以仍存在 cache 与主存数据不一致的隐患。另外,采用这种方法,cache 控制器比较复杂。

对于第二种不一致性问题(即主存已更新,而 cache 未更新的问题),通常采用总线监视法、广播法和禁止缓存法来解决。

采用总线监视法时,由 cache 控制器随时监视系统的地址总线,如某部件将数据写到主存,并且写入主存的行(块)正好是 cache 中行的对应位置,那么,cache 控制器会自动将 cache 中的行标为"无效"。Cache 控制器 82385 就是利用这种方法来保护 cache 内容的一致性的。

广播法一般应用在多处理器环境中,可能每个处理器均配备各自的 cache。当一个 cache 有写操作时,新数据既复制到主存,也复制到其他所有 cache 中,从而防止 cache 数据过时。此种方法即为广播法。

禁止缓存法也称为划出不可高速缓存的存储区法。采用这种方法,是将主存地址区划分为"可高速缓存"和"不可高速缓存"两个区域,并将不可高速缓存区域作为多个总线主设备的共享区,该区域中的内容永远不能取到 cache 中。当然各个总线主设备对此区域的访问也必须是直接的,而不能通过 cache 来进行。Cache 控制器 82385 采用的就是这种方法,它是通过在外部电路中对不可高速缓存区域中的地址进行译码,并使其不可高速缓存输入信号(NCA)变为逻辑 0,从而对这些存储单元形成非高速缓存的总线周期,以此解决在多处理器环境或具有 DMA 控制器系统中的 cache 数据一致性问题。

介绍完了 cache 的更新,我们再来看看 cache 的替换。当新的主存行需要写入 cache 而 cache 的可用空间已被占满时,就需要替换掉 cache 中的数据。在直接映像方式下,cache 访问缺失时则从主存中访问并将数据写入 cache 缺失的行中,而在组相联映像和全相联映像方式下,主存中的数据可写入 cache 中的若干位置,这就有一个选择替换掉哪一个 cache 行的问题,这就是所谓 cache 替换算法。

选择替换算法的依据是存储器的总体性能,主要是 cache 命中率。常用的替换算法有随机(random,RAND)法、先进先出法(first in first out,FIFO)法、最近最少使用(least recently used,LRU)法等。

随机法是随机确定替换的行。该算法比较简单,可以用一个随机数产生器产生一个随机的替换行号,但随机法没有根据程序访问局部性原理,所以不能提高系统的 cache 命中率。

先进先出法(FIFO 法)是替换最早调入的存储行,cache 中的行就像一个队列一样,先进入的先调出。这种替换算法不需要随时记录各行的使用情况,所以容易实现,开销小。但它也没有根据"程序访问局部性"原理,因为最早调入的存储信息可能是近期要用到的,或者是经常要用到的。

最近最少使用法(LRU 法)能比较正确地利用"程序访问局部性"原理,替换出最近用得最少的 cache 行,因为最近最少访问的数据,很可能在最近的将来也最少访问。但 LRU 法的实现比较复杂,需要随时记录各行的使用情况并对访问概率进行统计。一般采用简化的算法,如"近期最久未使用算法"就是把近期最久未被访问的行作为替换的行。它只要记录每行最近一次使用的时间即可。LRU 法比上述两种方法(随机法及 FIFO 法)性能好,但它也不是理想的方法。因为它仅仅根据过去访存的频率来估计未来的访存情况,所以也只是推测的方法。

4.7 虚拟存储器

微处理器的不断升级,使机器指令可寻址的地址空间越来越大。如果仅用增加实际内存容量的方法来满足程序设计中对存储空间的需求,则成本高而且利用率低。虚拟存储器技术提供了一个经济、有效的解决方案,通过存储管理部件(硬件)和操作系统(软件)将"主存—辅存"构成的存储层次组织成一个统一的整体,从而提供一个比实际内存大得多的存储空间(虚拟存储空间)供编程者使用。

如果说"高速缓存—主存"存储层次解决了存储器访问速度与成本之间的矛盾,那么,通过软、硬件结合,把主存和辅存有机结合而形成的虚拟存储器系统,其速度接近于主存,而容量接近于辅存,单位平均价格接近于廉价的辅存平均价格。这种"主存—辅存"存储层次的虚拟存储器解决了存储器大容量的要求和低成本之间的矛盾。

从工作原理上看,尽管"主存—辅存"和"高速缓存—主存"是两个不同存储层次的存储系统,但在概念和方法上有异曲同工之妙。它们都是基于程序访问局部性原理,把程序划分为一个个小的信息块,运行时能自动地把信息块从低速的存储器向高速的存储器调度,这种调度所采用的地址变换、映像方法及替换策略,从原理上看也是相同的。虚拟存储系统所采用的映像方式同样有直接映像、全相联映像及组相联映像等方式,替换策略也多采用 LRU法。然而,由"主存—辅存"构成的虚拟存储系统和"高速缓存—主存"存储系统也有很多不同之处。比如虽然两个不同存储系统均以信息块为基本信息传输单位,但 cache 每块只有几到几十字节(如 82385 控制下的 cache 传送块为 4 字节),而虚拟存储器每块长度通常在几百到几百千字节。CPU 访问 cache 比访问主存快 5~10 倍,而虚拟存储器中主存的工作速度要比辅存快 100~1000 倍。另外,cache 存储器的信息存取过程、地址变换和替换策略全部用硬件实现,且对程序员(包括应用程序员和系统程序员)是完全透明的。而虚拟存储器基本上是操作系统软件再辅以一些硬件构成的,它对系统程序员(尤其是操作系统设计者)并不是透明的。

虚拟存储器的地址称为虚地址或逻辑地址,而实际主存的地址称为物理地址或实存地址。虚地址经过转换形成物理地址。虚地址向物理地址的转换是由存储管理部件 MMU(memory management unit)自动实现的。编程人员在编写程序时,可以访问比实际配置大得多的存储空间(虚拟地址空间),但不必考虑地址转换的具体过程。

在虚拟存储器中,通常只将虚拟地址空间的访问最频繁的一小部分映射到主存储器,虚拟地址空间的大部分是映射到辅助存储器(如大容量的硬盘)上。当用虚地址访问虚拟存储器时,存储管理部件首先查看该虚地址所对应单元的内容是否已在主存中。若已在主存中,就自动将虚地址转换为主存物理地址,对主存进行访问。若不在主存中,就通过操作系统将程序或数据由辅存调入主存(同时,可能将一部分程序或数据从主存送回辅存),然后再进行访问。因此,每次访问虚拟存储器都必须进行虚地址向物理地址的转换。

为了便于虚地址向物理地址的转换,以及主存和辅存之间信息的交换,虚拟存储器一般采用二维或三维的虚拟地址格式。在二维地址格式下，虚拟地址空间划分为若干段或页，每段或页则由若干地址连续的存储单元组成，这种方式称为"段式虚拟存储器"或"页式虚拟存储器"。在三维地址格式下，虚拟地址空间划分为若干段，每个段划分为若干页，每页由若干地址连续的存储单元组成，称为"段页式虚拟存储器"。

虚拟存储器一般采用"按需调页"的存储管理方法，就是程序中的各页仅在需要时才调入主存，这种管理方法同样依据"程序访问的局部性"原理。一个程序本身可以很长，处理的数据也可能很多，产生的结果可能很庞杂，但在一个较短的时间间隔内，由程序产生的地址常常集中在一个较小的地址范围内。所以，CPU 执行程序时并不需要同时将程序的所有页均装入主存，只需装入 CPU 正在执行的指令所在的页及其附近的几页即可，其余各页仍在辅存中。当程序执行到某一时刻需要转到没有调入主存中的页时，或者要处理的数据不在主存中的页上时，就发出"缺页"中断信号，由操作系统将所需的页从辅存调入主存。

80x86 微机共有 3 种工作模式：实地址模式(简称实模式)、虚地址保护模式(简称保护模式)和虚拟 8086 模式(简称 V86 模式)。8086/8088 只支持实地址模式，80286 支持实地址模式和虚地址保护模式，80386 以上的微机系统则支持实地址模式、虚地址保护模式及虚拟8086 模式。

在实地址模式下，使用低 20 位地址线($A_0 \sim A_{19}$)，寻址空间 1 MB。任何一个存储单元的地址均由"段地址"和"段内偏移量"两部分组成。段地址是由某个段寄存器的值(16 位)左移4 位而形成的 20 位的段基地址。20 位的段基地址与 16 位的段内偏移量相加形成某一存储单元的实际地址。在实地址模式下，系统有 2 个保留存储区域：FFFF0H ~ FFFFFH 保留的是系统初始化区，在此存放一条段间无条件转移指令，系统复位时自动转移到系统初始化程序入口处执行上电自检和自举程序；00000H ~ 003FFH 保留的是中断向量表，为 256 个中断服务程序提供入口。

在虚地址保护模式下，80286 ~ 80486 可实现虚拟存储和保护功能。80286 采用的是段式虚拟存储技术，程序中可能用到的各种段(如代码段、数据段、堆栈段、附加段)的段基地址和其他的段属性信息集中在一起，成为驻留在存储器中的"段描述符表"。80286 段寄存器中存储的不再是 16 位的段基值，而是段描述符的选择符(也称选择子)。由段寄存器中的选择符从"段描述符表"中取出相应的段描述符，得到 24 位段基地址，再与 16 位偏移量相加形成寻址单元的物理地址。

80386、80486 采用的是段页式虚拟存储技术。首先使用分段机制，由段寄存器中存储的段描述符选择符从"段描述符表"中得到段基地址，再与 32 位的偏移量相加形成一个中间地址，称为"线性地址"。当分页机制被禁止时，线性地址就是物理地址。否则，再用分页机制把线性地址转换为物理地址。

80286 ~ 80486 的保护功能包括两个方面。一是任务间的保护，即给每一个任务分配不同的虚地址空间，使不同的任务彼此隔离。二是任务内的保护，即通过设置特权级别，保护操作系统不被应用程序所破坏。

虚拟 8086 方式是 80386、80486 的一种新的工作方式，这种工作方式可以在有存储管理机制、保护和多任务环境下，创建一个虚拟的 8086 工作环境，从而可以运行 8086 的各种软件。在虚拟 8086 方式下，各种 8086 的任务可以与 80386、80486 的其他任务同时运行，相互隔离并受到保护。

第 5 章　总线与 I/O 系统

　　CPU 和存储器构成了计算机的主机部分，根据冯·诺依曼的计算机设计原理就可以实现存储程序并运行程序了。但计算机想要实现人机交互或与其他外部设备相互连接，还需要信息交互的输入/输出(I/O)系统，同时需要连接各功能部件的总线系统。

5.1　总线

　　总线是计算机各功能模块(部件或子系统)之间相互连接与通信的公共通路。总线不仅是一组传输线，还包括一套管理信息传输的规则(协议)。在计算机系统中，总线可以看成一个具有独立功能的子系统。微型计算机一般采用标准的总线结构，遵守同一总线标准的功能部件可以方便地进行互连，简化了计算机系统硬、软件的设计及调试过程。标准的总线结构有力地推动了微型计算机技术及产品的普及和应用。

　　总线通常包括一组信号线，主要包括数据线和地址线，控制、时序和中断信号线，电源线和地线，备用线等。数据线和地址线决定了数据传输的宽度和直接寻址的范围。控制、时序和中断信号线决定了总线功能的强弱及适应性的好坏，性能良好的总线控制功能强、时序简单、使用方便。电源线和地线决定了电源的种类及地线的分布和用法。备用线是厂家和用户作为性能扩充或作为特殊要求使用的信号线。

　　总线信号的逻辑特性各有不同，有些总线信号输出通常的逻辑状态，即逻辑 0 和逻辑 1；有些总线信号是三态输出，即这些总线信号有 3 种可能的输出状态，分别为逻辑 0、逻辑 1 及高阻状态。当一个与总线相连的部件的输出信号处于"高阻态"时，该部件与总线之间呈现极高的阻抗，就如同该部件与总线的连接断开或将该部件从总线上拔掉一样。这种三态逻辑特性使总线的管理和控制更灵活和方便。

5.1.1　总线分类

　　如图 5-1 所示，微型计算机的总线按功能和规范可分为片总线、内总线和外总线 3 类。片总线又称元件级总线，是把各种不同的芯片连接在一起构成特定功能模块(如 CPU 模块)的信息传输通路。内总线又称系统总线或板级总线，是微机系统中各插件(模块)之间的信息传输通路，例如 CPU 模块和存储器模块或 I/O 接口模块之间的传输通路。外总线又称通信总线，是微机系统之间或微机系统与其他设备(如地球物理仪器等)之间信息传输的通路，如 EIA RS-232C、IEEE 488 等。

　　其中的系统总线，即通常意义上所说的总线，是连接 CPU、主存和 I/O 接口电路的信号线，并提供有关控制逻辑。系统总线一般也有 3 种，即数据总线、地址总线和控制总线。

　　数据总线是一种三态控制的双向总线。它可以实现 CPU、主存和 I/O 接口电路之间的数

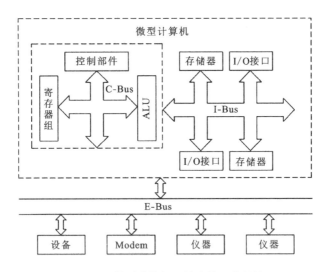

图 5-1　微型计算机系统中的 3 类总线

据交换。例如，可将 CPU 输出的数据传送到相应的主存单元或 I/O 接口电路中，或将主存单元或 I/O 接口电路中的数据输入 CPU 中。数据总线的宽度一般与 CPU 处理数据的位数相同，同时它也是确定 CPU 乃至整个计算机位数的依据。总线的三态控制有利于采用如直接存储器访问（DMA）等方式进行高速数据传送，在 DMA 方式下，外部设备可通过总线直接与主存交换数据。

地址总线是 CPU 输出地址信息所用的总线，用来确定所访问的内存单元或 I/O 端口的地址，一般是三态控制的单向总线。地址总线的位数决定了 CPU 可直接寻址空间的大小。由于大规模集成电路封装的限制，芯片的引脚数有限，有些 CPU 对地址总线的一部分进行分时复用，即有时传送地址，有时传送数据，但要靠相应的控制信号来选择。这种总线分时复用技术的优点是可以节省芯片引脚的数目，缺点是增加了时序和控制逻辑的复杂性。

控制总线通过传输控制信号使计算机系统各部件协同动作。这些控制信号有些从 CPU 向其他部件输出，也有些从其他部件输入 CPU。控制信号有的用于系统读/写控制，有的用于中断请求、中断响应及复位等。根据需要，一部分控制总线信号也是三态的。

5.1.2　总线标准

总线标准是国际组织或机构正式公布或推荐的互连计算机各个模块的标准，它是把各种不同的模块组成计算机系统时必须遵守的规范。总线标准为计算机系统中各模块的互连提供了一个标准接口，与该接口连接的任一方只需根据总线标准的要求来实现接口的功能，而不需考虑另一方的接口方式。采用总线标准，可使各个模块接口芯片的设计相对独立，给计算机接口的软、硬件设计带来方便。

为了充分发挥总线的作用，每个总线标准都必须有具体和明确的规范说明，通常包括机械特性、电气特性、功能特性和规程特性。机械特性规定模块插件的机械尺寸、总线插头、插座的规格及位置等。电气特性规定总线信号的逻辑电平、噪声容限及负载能力等。功能特性规定各总线信号的名称及功能定义。规程特性规定各总线信号的动作过程与时序关系。

总线标准通常由生产厂家或国际标准组织来制定。如某计算机制造厂家在研制微机系统时所采用的一种总线，由于其性能优越，得到用户普遍接受，逐渐形成一种被业界广泛支持和承认的事实上的总线标准。有些则是在国际标准组织或机构主持下开发和制定的总线标准，标准公布后被厂家和用户使用。

微型计算机总线标准推出比较早的是 S-100 总线，它是由业余计算机爱好者为早期的 PC 设计的，后来被工业界所承认，并被广泛使用。之后经 IEEE 修改，成为总线标准 IEEE 696。S-100 总线由于出现较早，没有其他总线标准或技术可供借鉴，其在设计上存在一定的缺陷：一是布线不够合理，时钟信号线位于 9 条控制信号线之间，容易造成串扰。二是在 100 条引线中，只规定了 2 条地线，接地点太少，容易造成地线干扰。三是虽然考虑了 DMA 传送，但对所需引脚未做明确定义。四是没有总线仲裁机构，不适于多处理器系统。这些缺点已在 IEEE 696 标准中得到克服和改进，并为后来的总线标准的制定提供了经验。

在总线标准的发展历程中，其他比较有名或曾产生一定影响的总线标准还有 Intel Multi-Bus(IEEE 796)、Zilog Z-bus、IBM PC/XT 总线、IBM PC/AT 总线、ISA 总线、EISA 总线、PCI 总线、USB 总线等。随着微处理器及微机技术的发展，总线技术和总线标准也在不断发展和完善，有些总线标准已经或正在被淘汰，新的性能优越(如高带宽、实用性和开放性)的总线标准及技术也在不断产生。

5.1.3 总线仲裁

总线仲裁是指在总线上有多个总线主模块同时请求使用总线时，决定哪个模块获得总线控制权。所谓"总线主模块"，就是具有总线控制能力的模块，在获得总线控制权之后能启动数据信息的传输，如 CPU 或 DMA 控制器都可成为这种具有总线控制能力的模块。与总线主模块相对应的是"总线从模块"，它是指能够对总线上的数据请求作出响应，但本身不具备总线控制能力的模块，如并行接口电路 8255A、中断控制器 8259A 等。

现在的微机系统中，由于技术的发展和实际应用的需要，通常含有多个总线主模块。总线是一种重要的公共资源，各个总线主模块随时都可能请求使用总线，这样就可能会有不止一个总线主模块同时请求使用总线。为了让多个总线主模块合理、高效地使用总线，就必须在系统中有处理上述总线竞争的机构，即总线仲裁器。它的任务是响应总线请求，合理分配总线资源。

基本的总线仲裁方式有两种，即串行总线仲裁方式和并行总线仲裁方式。如图 5-2 所示，串行总线仲裁方式中各个总线主模块获得的总线优先权取决于该模块在串行链中的位置。

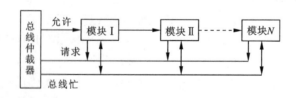

图 5-2 串行总线仲裁方式

其中的模块Ⅰ，Ⅱ，…，N等n个模块都是总线主模块。当一个模块需要使用总线时，先检查"总线忙"信号。若该信号有效，则表示当前有其他模块正在使用总线，因此该模块必须等待，直到"总线忙"信号无效。在"总线忙"信号处于无效状态时，任何需要使用总线的主模块都可以通过"请求"线发出总线请求信号。总线"允许"信号是对总线"请求"信号的响应。"允许"信号在各个模块之间串行传输，直到到达一个发出了总线"请求"信号的模块，这时"允许"信号不再沿串行链传输，并且由该模块获得总线控制权。由串行总线仲裁方式的工作原理可以看出，越靠近串行链前面的模块总线优先权越高。

并行总线仲裁方式如图5-3所示，其中模块Ⅰ~N同样都是总线主模块。每个模块都有总线"请求"和总线"允许"信号。各模块是独立的，没有任何控制关系。当一模块需要使用总线时，也必须先检测"总线忙"信号。当"总线忙"信号有效时，则表示其他模块正在使用总线，因此该模块必须等待。当"总线忙"信号无效时，所有需要使用总线的模块都可以发出总线"请求"信号。总线仲裁器中有优先权编码器和优先权译码器。总线"请求"信号经优先权编码器产生相应编码，并由优先权译码器向优先权最高的模块发出总线"允许"信号。得到总线"允许"信号的模块撤销总线"请求"信号，并置"总线忙"信号为有效状态，该模块使用完总线后再置"总线忙"信号为无效状态。

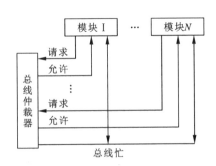

图5-3 并行总线仲裁方式

在串行、并行两种总线仲裁方式中，串行总线仲裁方式由于信号的串行传输会加大延迟，而且当高优先级的模块频繁使用总线时，低优先权的模块可能会长时间得不到总线。因此串行总线仲裁方式只适用于较小的系统中。而并行总线仲裁方式则允许总线上连接许多主模块，而且仲裁电路也不复杂，因此是一种比较好的总线仲裁方式。

5.1.4 PCI 总线

随着微处理器速度及性能的改进与更新，作为微型计算机重要组成部件的总线也需要有相应的改进和更新。同时随着微处理器的更新换代，与曾经的总线标准配套生产的接口设备也不停被淘汰，这样造成了一定程度的硬件资源的浪费。因此，需要一种性能优越且能保持相对稳定的总线结构和技术规范来摆脱这种发展困境。PCI (peripheral component interconnect)总线于1991年由Intel公司首先提出，并由PCI SIG(special interest group)发展和推广。PCI SIG 是一个包括 Intel、IBM、Compaq、Apple 和 DEC 等100多家公司在内的组织，1992年推出了PCI 1.0 版，1995年又推出了支持64位数据通路、66 MHz 工作频率的PCI 2.1 版。PCI总线因其先进的结构特性和优异的性能，成为现代微机系统总线结构中的佼佼者，并被多数现代高性能微机系统广泛采用。

图 5-4 所示为微机系统中由 CPU 总线、PCI 总线及 ISA 总线组成的三层总线结构。CPU总线也称"CPU—主存总线"或"微处理器局部总线"，CPU 是该总线的主控者。此总线实际上是 CPU 引脚信号的延伸。

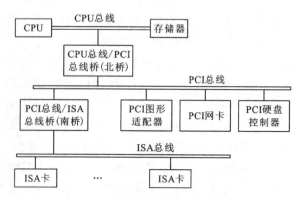

图 5-4　微机系统的三层总线结构

PCI 总线用于连接高速的 I/O 设备模块，如高速图形显示适配器、网络接口控制器、硬盘控制器等。PCI 总线通过桥芯片（北桥和南桥），一边与高速的 CPU 总线相连，一边与各种不同类型的实用总线（如 ISA 总线、USB 总线等）相连。桥芯片起信号缓冲、电平转换和控制协议转换的作用。PCI 总线是一个 32 位/64 位总线，且其地址和数据是同一组线，分时复用。在现代 PC（如 Pentium 系列）主板上一般都有 2~3 个 PCI 总线扩充槽。

人们通常称"CPU 总线/PCI 总线桥"为"北桥"，称"PCI 总线/ISA 总线桥"为"南桥"。这种以"桥"的方式将两类不同结构的总线黏合在一起的技术特别能适应系统的升级换代。因为每当微处理器改变时只需改变 CPU 总线和改动"北桥"芯片，而全部原有外围设备及接口适配器仍可保留下来继续使用，这样较好地实现了总线结构的兼容性及可扩展性，有效地保护了用户的设备，避免了硬件资源浪费。

PCI 总线具有高性能、兼容性好且易于扩展、支持即插即用、成本低、规范严格等突出优点。PCI 总线的数据宽度为 32 位/64 位，时钟频率为 33 MHz/66 MHz，且独立于 CPU 时钟频率，其数据传输速率可从 132 Mbps（33 MHz 时钟，32 位数据通路）升级至 528 Mbps（66 MHz时钟，64 位数据通路），可满足相当一段时期内 PC 传输速率的要求。

由于 PCI 总线是独立于处理器的，因此其易于适应各种型号的 CPU。PCI 总线定义了3 种地址空间：存储地址空间、I/O 地址空间和配置地址空间。其配置地址空间为 256 字节，用来存放 PCI 设备的设备标识、厂商标识、设备类型码、状态字、控制字及扩展 ROM 基地址等信息。当 PCI 卡插入扩展槽时，系统 BIOS 及操作系统软件会根据配置空间的信息自动进行 PCI 卡的识别和配置工作，保证系统资源的合理分配，而无须用户的干预，即完全支持"即插即用"功能。

此外，PCI 总线采用数据总线与地址总线多路复用技术，大大减少了引脚数量，降低了设备成本。PCI 总线标准对协议、时序、负载、机械特性及电气特性等都作了严格规定，这是其他总线所不及的，也保证了它的可靠性及兼容性。

5.1.5　USB 总线

传统的微型计算机为了连接显示器、键盘、鼠标及打印机等外围设备，必须在主机箱背后接上一大堆信号线缆及连接器端口，给微机的安装、放置及使用带来诸多不便。另外，安装新的外设需要关掉机器电源，还需安装专门的设备驱动程序，给用户带来不少麻烦。USB（universal serial bus）总线是微型计算机与多种外围设备连接和通信的标准接口，它是一个所谓的"万能接口"，可以取代传统微型计算机上连接外围设备的所有端口（包括串行端口和并行端口），用户几乎可以将所有外设，包括键盘、显示器、鼠标、打印机、扫描仪等设备统一通过 USB 接口与主机相接。同时它还可为某些设备（如扫描仪）提供电源，使这些设备无须外接独立电源即可工作。

USB 是 1995 年由 USB 实现者论坛（USB implementer forum）联合组织开发的新型计算机串行接口标准。1996 年该联合组织颁布了 USB 1.0 版本规范，其主要技术规范为：

①支持低速（1.5 Mbps）和全速（12 Mbps）两种数据传输速率。前者用于连接键盘、鼠标等，后者用于连接打印机、扫描仪等外设装置。

②一台主机最多可连接 127 个外设装置（含 USB 集线器 hub）。连接节点（外设或 hub）间距可达 5 m，可通过 USB 集线器级联的方式来扩展连接距离，最大扩展连接距离可达 20 m。

③采用 4 芯连接线缆，其中两线用于以差分方式传输串行数据，另外两线用于提供+5 V 电源。线缆种类有两种规格，即无屏蔽双绞线（UTP）和屏蔽双绞线（STP）。前者适用于 1.5 Mbps 的数据速率，后者适用于 12 Mbps 的数据速率。

④具有真正的"即插即用"特性。主机依据外设的安装情况自动配置系统资源，用户无须关机即可进行外设更换，外设驱动程序的安装与删除完全自动化。

随着技术的进步和应用需求的推动，USB 总线的性能也在不断改进和提高，各版本的技术规范相继推出。2001 年 USB 2.0 推出，传输速率由原来的 12 Mbps 增加到 480 Mbps，可以支持宽带数字摄像设备、新型扫描仪、打印机及存储设备等。2008 年 USB 3.0 推出，其理论带宽（即数据传输速率）为 5 Gbps，充裕的带宽为移动存储设备读写性能的提升留下了更大的发展空间。USB 3.0 接口比 USB 2.0 多出了 4 条线，多出的线路主要用来进行数据传输。实际上 USB 3.0 接口的引脚数量为 9，而 USB 2.0 接口的引脚数量为 4，这些物理层面的变化极大地提升了 USB 3.0 的数据传输速率。此外，在信号传输模式上，USB 3.0 引入了全新的异步传输方式，在支持原有的同步传输的基础上，可以进行双向数据传输。由 2 条线路专门负责接收数据，2 条线路专门负责发送数据，通过主控芯片的协调，减少了数据等待的时间，提高了 USB 总线的整体带宽。

如图 5-5 所示，USB 总线拓扑结构包括主机、集线器和功能设备 3 个基本部分。主机与 USB 设备连接的拓扑结构从整体上看是一种树状结构，可利用集线器级联的方式来延长连接距离，还可将几个功能部件（例如键盘和轨迹球）组装在一起构成一个复合型设备，复合型设备通过其内部的 USB hub 与主机相连，主机中的 USB hub 称为"根 hub"。为了防止环状接入，USB 总线的拓扑结构进行了层次排序，最多可分为五层。第一层是主机，第二、三、四层是外设或 USB hub，第五层只能是外设。各层之间的线缆长度不得超过 5 m。

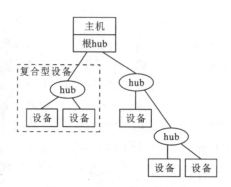

图 5-5 USB 总线拓扑结构

目前微机主板一般配有两个内置的 USB 连接器,可以连接 USB 外设或 USB hub。连接的 USB hub 还可以串接另一个 USB hub,但是 USB hub 连续串接最多不能超过 3 个。USB hub 自身也是 USB 设备,它主要由信号中继器和控制器组成,信号中继器完成信号的整形、驱动并使之沿正确方向传递,信号控制器理解协议并管理和控制数据的传输。

5.1.6 高速总线接口 IEEE 1394 与高速图形端口 AGP

USB 总线的数据传输主要适用于中、低速设备,而对于高速外设(如多媒体数字视听设备)就显得有些不够用了。IEEE 1394(又称 i. Link 或 Fire Wire)是由 Apple 公司和 TI 公司开发的高速串行接口标准,其数据传输速率可为 100 Mbps、200 Mbps、400 Mbps、800 Mbps,甚至可达 1 Gbps 和 1.6 Gbps。采用 IEEE 1394 标准,一次最多可将 63 个 IEEE 1394 设备接入一个总线端,设备间距可达 4.5 m,还可以通过转发器增加距离。最多 63 个设备可以通过菊花链方式串接到单个 IEEE 1394 适配器上。IEEE 1394 使用专门设计的 6 芯电缆,其中 2 线用于提供电源(连接在总线上的设备可以获得 8~40 V 电压、1.5A 电流的供电),另外 4 线分为 2 个双绞线对,分别用于传输数据及时钟信号。

与 USB 相似,IEEE 1394 也完全支持"即插即用",在总线上随时可以添加或拆卸 IEEE 1394 设备。总线配置发生改变以后,节点地址会自动重新分配,而不需用户进行任何形式的介入。通过 IEEE 1394 连接的设备包括多种高速外设如硬盘、光驱、数码相机、数字摄录机、高精度扫描仪等。利用 ATM(asynchronous transfer mode,异步传输模式)技术可以进一步扩展 IEEE 1394 总线的作用范围,经机顶盒外连 ATM 网络,将室内智能家电系统与室外网络连接,可以有效地利用高速 ATM 网络实现多媒体数据信息的传输、交换及处理。

计算机三维图形处理通常可分为几何变换和绘制着色处理,若这两项处理都由 CPU 完成,则 CPU 的负担太重。所以一般使数据处理量极大的绘制着色处理由三维图形加速卡上的三维图形芯片完成。三维图形加速卡以硬件方式替代原来由 CPU 运行软件来完成的非常耗时的着色处理,可以明显提高处理速度。然而,在一般的微机中,三维图形加速卡与主存之间是通过 PCI 总线进行连接和通信的,其最大数据传输速率仅为 132 Mbps。加之 PCI 总线还接有其他设备,所以实际数据传输速率远低于 132 Mbps。而三维图形加速卡在进行三维图形处理时不仅有极高的数据处理量,而且要求具有很高的总线数据传输速率。因此,这种通过 PCI 总线连接和通信的方式,实际上成了三维图形加速卡进行高速图形数据传送和处理的一大瓶颈。

AGP(accelerated graphics port, 高速图形端口)是为解决计算机三维图形显示中图形纹理数据传输瓶颈问题而产生的。现在许多微机系统都增加了 AGP 功能。AGP 是由 Intel 公司开发,并于 1996 年正式公布的一项新型视频接口技术标准,它定义了一种高速的连通结构,把三维图形控制卡从 PCI 总线上分离出来。如图 5-6 所示,AGP 直接连在 CPU/PCI 控制芯片组(北桥)上,形成专用的高速点对点通道。

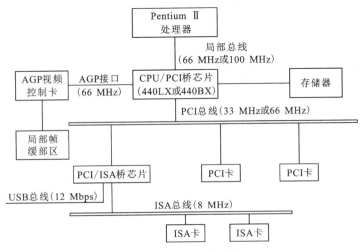

图 5-6 Pentium II 系统中的 AGP

从严格的总线意义上讲,AGP 并不是一种总线标准,因为总线通常是多个设备共享的资源,而 AGP 仅为供 AGP 视频控制卡专用的高速数据传输端口。AGP 允许视频卡与系统 RAM (主存)直接进行高速连接,即支持所谓 DIME(direct memory execute, 直接存储器执行)方式,当显存容量不够时,将主存当作显存来使用,把耗费显存的三维操作全部放在主存中完成。这样可以节省显存,同时可以充分利用现代微机大容量主存的便利条件。

AGP 可以工作于处理器的时钟频率下,若以 66 MHz 的基本频率运行,则称为基本 AGP 模式,每个时钟周期完成一次数据传输。由于 AGP 的数据传输宽度为 32 位(4 字节),所以在 66 MHz 的时钟频率下能达到约 266 Mbps 的数据传输速率。此外,还定义了 AGP 2X 模式,每个时钟周期完成两次数据传输(宽度仍为 32 位),数据传输速率达 533 Mbps。AGP 2.0 规范还进一步增加了 4X 模式的传输能力,每个时钟周期完成四次数据传输,数据传输速率达 1066 Mbps(约 1 Gbps),是传统 PCI 总线数据传输速率的 8 倍。现代微机主板均全面支持 AGP 2.0 规范及 AGP 4X 模式。

5.2 I/O 接口

早期的计算机并没有单独的 I/O 系统,所有 I/O 操作均在累加器的直接控制下完成。在这种工作方式下,累加器忙于 I/O 处理时就不能再做其他的计算和操作。当程序中有较多的 I/O 处理时,计算机系统的运行速度被低速的 I/O 操作所限制。为解决这个问题,开始使用带缓冲器的I/O装置。缓冲器通过一个或几个单独的寄存器实现主机与外设之间的数据传送。这样由于外设不是与累加器直接进行通信，所以在I/O处理过程中累加器还可用于其他的计算和操作。

在现代微型计算机中，这种缓冲器装置被改进形成功能更强的I/O接口电路。这种I/O接口的主要功能是作为主机与外设之间传送数据的"转接站"，同时提供主机与外设之间传送数据所必需的状态信息，并能接受和执行主机发来的各种控制命令。I/O接口的基本作用是使主机与外设协调地完成I/O操作，具有缓冲数据、提供联络信息、转换信息格式、选择设备、中断管理等功能。

接口电路中通常都有数据缓冲寄存器，用以解决主机与外设在工作速度上的矛盾，避免因速度不一致而造成数据丢失。为使主机与外设间的数据交换协调与同步，接口电路应提供数据传输联络用的状态信息，如数据输入缓冲寄存器"准备好"、数据输出缓冲寄存器"空"等。由于外设所提供的接口信号及信息格式往往与CPU总线不兼容，因此接口电路应完成必要的转换功能，包括模/数(A/D)、数/模(D/A)转换，串/并、并/串转换及电平转换等。微机系统一般接有多台外设，而CPU在同一时间只能与一台外设交换信息，这就需要利用接口电路中的地址译码电路进行寻址，以选择相应的外设进行I/O操作。当外设以中断方式与主机进行通信时，接口中需设有专门的中断控制逻辑，以处理有关的中断事务(如产生中断请求信号、接收中断回答信号，以及提供中断类型码等)。现代微机的I/O接口多数是可编程接口，这样在不改动任何硬件的情况下，只要修改控制程序就可改变接口的工作方式，大大增加了接口的灵活性。

如图5-7所示，I/O接口内部有一组寄存器，通常包括数据输入寄存器、数据输出寄存器、状态寄存器和控制寄存器，有的I/O接口中还有中断控制逻辑电路。这些寄存器也被称为I/O端口，每个端口有一个端口地址(也称端口号)。主机就是通过这些端口与外设之间进行数据交换的。数据输入寄存器用于暂存外设送往主机的数据。数据输出寄存器用于暂存主机送往外设的数据。状态寄存器用于保存I/O接口的状态信息。CPU通过对状态寄存器内容的读取和检测确定I/O接口当前的工作状态，如是否空闲可以发送或接收数据等，以便CPU根据设备的状态确定是否可以向外设发送数据或从外设接收数据。控制寄存器用于存

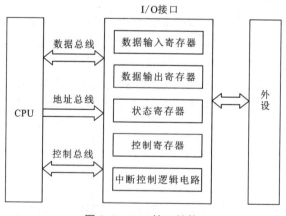

图5-7　I/O接口结构

放 CPU 发出的控制命令字，以控制接口和设备所执行的动作，如控制数据传输方式、速率等参数的设定等。中断控制逻辑电路用于在外设准备就绪时向 CPU 发出中断请求信号，接收来自 CPU 的中断响应信号及提供相应的中断类型码等。

　　I/O 接口有两个接口面，其中一个接口面是计算机总线，另一个接口面是外设。外设一侧的接口面应与所连接的外设的信号格式相一致，包括信号电平的规定、时序关系及信号的功能定义等。由于外设种类繁多，接口信号格式多样，所以通常采用可编程 I/O 接口，以适应与不同规格的外设连接的需要。计算机总线一侧的接口面应与所使用的总线结构相一致。由于具体的总线结构随微处理器的不同而不同，所以若使用与 CPU 同一系列的接口电路，则较为方便。当然也可以把某一机型系列的接口电路连接到其他机型系列的系统总线上，但有时需要增加附加逻辑。因此，应尽量选择那些具有一定通用性的 I/O 接口电路，以易于实现与计算机系统的连接。

5.2.1　I/O 端口编址

　　为了能让 CPU 访问 I/O 端口，I/O 端口需具有端口地址。在计算机系统中如何编排 I/O 接口的端口地址，就称为 I/O 端口的编址方式。常见的 I/O 端口编址方式有统一编址和独立编址两种。统一编址是指 I/O 端口和存储器统一编址，也称存储器映像的 I/O 方式。独立编址是指 I/O 端口和存储器单独编址，也称 I/O 映像的 I/O 方式。

　　如图 5-8 所示，统一编址方式是把整个存储地址空间的一部分作为 I/O 设备的地址空间，给每个 I/O 端口分配一个存储器地址，把每个 I/O 端口看成一个存储器单元，并纳入统一的存储器地址空间。CPU 可以利用访问存储器的指令来访问 I/O 端口，使在指令系统上对存储器和 I/O 端口不加区别，因而不须设置专门的 I/O 指令。这样存储单元和 I/O 端口之间的唯一区别是二者所占用的地址不同。

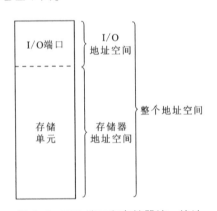

图 5-8　I/O 端口和存储器统一编址

　　这种编址方式的优点是可以直接使用存储器访问指令对 I/O 端口内的数据进行处理，而不必先把数据送入 CPU 寄存器，从而可以灵活、方便地对 I/O 端口进行输入/输出操作，有利于改善程序效率，提高总的 I/O 处理速度。另外，这种编址方式可以将 CPU 中的 I/O 操作与访问存储器操作统一设计为一套控制逻辑，CPU 的引脚数量也可以减少一些。

　　这种编址方式的缺点是由于 I/O 端口占用了一部分存储器地址空间，因此用户的存储地址空间相对减小。另外由于利用访问存储器的指令来进行 I/O 操作，指令的长度通常比单独 I/O 指令要长，因此指令的执行时间也较长。

如图 5-9 所示，单独编址方式将 I/O 端口地址和存储器地址分开，各自形成独立的地址空间（两者的地址编号可以重叠）。指令系统需要分别设立面向存储器操作的指令和面向 I/O 操作的指令，CPU 使用专门的 I/O 指令来访问 I/O 端口。

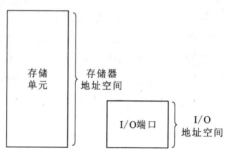

图 5-9　I/O 端口和存储器单独编址

由于在采用公共总线的微型计算机结构中，地址总线为存储器和 I/O 端口所共享，所以在这种编址方式下存在地址总线上的地址信息究竟给谁的问题。这需要通过在 CPU 上设置专门的控制信号线来解决。典型的方法是用一条称为 $M/\overline{IO}$ 的控制线加以标识，用该控制线的低电平表示 I/O 操作，高电平表示存储器操作。通常 CPU 使用地址总线的低位对 I/O 端口寻址。若使用地址总线的低 8 位，则可提供 $2^8 = 256$ 个 I/O 端口地址；若使用地址总线的低 16 位，则可提供 $2^{16} = 65536$ 个 I/O 端口地址。

这种编址方式的最大优点是 I/O 端口不占用存储器地址，故不会减少用户的存储器地址空间。同时由于单独 I/O 指令的地址码较短，地址译码方便，I/O 指令短，执行速度快。此外，由于采用单独的 I/O 指令，所以在编制程序和阅读程序时容易与访问存储器型的指令进行区别，使程序中 I/O 操作和其他操作层次清晰，便于理解。

这种编址方式的缺点是单独 I/O 指令的功能有限，只能对端口数据进行 I/O 操作，不能直接进行移位、比较等其他操作。并且由于采用了专用的 I/O 操作时序及 I/O 控制信号线，一定程度上增加了微处理器本身控制逻辑的复杂性。

5.2.2　I/O 控制方式

微型计算机系统的主机与外设之间的数据传送控制方式（即 I/O 控制方式）通常有程序控制、中断控制和直接存储器访问（DMA）3 种。

（1）程序控制方式

程序控制方式是指在程序控制下进行的数据传送方式。它又分为无条件传送方式和程序查询传送方式两种。无条件传送方式是在假定外设已经准备好的情况下，直接利用输入/输出指令与外设传送数据，而不检测（查询）外设的工作状态。这种传送方式的优点是控制程序简单，但它必须是在外设已准备好的情况下才能使用，否则传送会出错。所以在实际应用中无条件传送方式使用较少，其只用于对一些简单外设的操作，如对开关信号的输入、对 LED

显示器的输出等。

程序查询传送方式也称条件传送方式。采用这种传送方式时，CPU 通过执行程序不断读取并检测外设的状态，只有在外设确实已经准备就绪的情况下才进行数据传送，否则继续查询外设的状态。程序查询传送方式比无条件传送方式要准确和可靠，但在此种方式下 CPU 要不断地查询外设的状态，占用了大量的时间，而真正用于传送数据的时间很少。例如用程序查询传送方式实现从终端键盘输入字符信息，由于输入字符的流量是非常不规则的，CPU 无法预测下一个字符何时到达，这就迫使 CPU 必须频繁地检测键盘输入端口是否有进入的字符，否则就有可能造成字符的丢失。实际上，CPU 浪费在与字符输入无直接关系的查询上的时间为传送时间的 90% 以上。

程序查询传送方式有两个明显的缺点。一是 CPU 的利用率低。因为 CPU 要不断地读取状态字和检测状态字，如果状态字表明外设未准备好，则 CPU 还要继续查询等待。这样的过程占用了 CPU 大量时间，尤其在与中速或低速的外设交换信息时，CPU 真正花费于传送数据的时间极少，绝大部分时间都消耗在查询上。二是不能满足实时控制系统对 I/O 处理的要求。因为在使用程序查询传送方式时，假设一个系统有多个外设，那么 CPU 只能轮流对每个外设进行查询，但这些外设的工作速度往往差别很大，这时 CPU 很难满足各个外设随机对 CPU 提出的输入/输出服务要求。

（2）中断控制方式

为了提高 CPU 的工作效率及对实时系统快速响应，中断控制方式的信息交换产生。所谓中断，是指程序在运行中出现了某种紧急事件，CPU 必须中止现在正在执行的程序而转去处理紧急事件（执行一段中断处理子程序），并在处理完毕后返回执行原程序的过程。

一个完整的中断处理过程包括中断请求、中断判优、中断响应、中断处理和中断返回。中断请求是指中断源（引起中断的事件或设备）向 CPU 发出申请中断的要求。当有多个中断源发出中断请求时，需要通过适当的办法决定优先处理哪一个，这就是中断判优。只有优先级别最高的中断源的中断请求才首先被 CPU 响应。中断响应是指 CPU 根据中断判优后获准的中断请求，从中止现程序（也称主程序）转至中断服务程序的过程。中断处理就是 CPU 执行中断服务程序。中断服务程序结束后，CPU 返回原先被中断的程序称为中断返回。为了正确返回原来程序被中断的地方（也称断点，即主程序中当前指令下面一条指令的地址），在中断服务程序末尾应专门安排一条中断返回指令。

另外，为了使中断服务程序不影响主程序的运行，即让主程序在返回后仍能从断点处继续正确运行，需要把主程序运行至断点处时有关 CPU 寄存器的内容保存起来，称之为现场保护。通常采用程序的办法，在中断服务程序的开头把有关寄存器（即在中断服务程序中可能被使用到而改变了内容的寄存器）的内容用进栈指令压入堆栈来实现现场保护。在中断服务程序操作完成后要把所保存的寄存器的内容送回 CPU 原来的位置，称之为现场恢复。通常在中断服务程序的末尾，用出栈指令按与进栈时方向相反的顺序将所保存的现场信息弹出堆栈。

CPU 与外设间采用中断控制方式交换信息，当外设处于就绪状态时便可以向 CPU 发出中断请求，CPU 暂时停止当前执行的程序而和外设进行一次数据交换。当输入操作或输出操作完成后，CPU 再继续执行原来的程序。采用中断控制方式时，CPU 不必总去检测或查询外设的状态，因为外设就绪时，会主动向 CPU 发出中断请求信号。通常 CPU 会在执行每一条指令的末尾检查外设是否有中断请求。如果有，那么在中断允许的情况下，CPU将保留下一条指令的地址（断点）和当前标志寄存器的内容，转去执行中断服务程序，执行完中断服务程序后，CPU会自动恢复断点地址和标志寄存器的内容，从而继续执行原来被中断的程序。

与程序查询传送方式相比，中断控制方式提高了CPU的工作效率。CPU可以和外设并行工作，外设具有申请服务的主动权，可适应实时系统对I/O处理的要求。

（3）DMA方式

程序控制方式和中断控制方式进行数据传送时，都是靠CPU执行程序指令来实现数据输入/输出的。CPU要通过取指令、译码，然后发出读/写信号来完成数据传送。在中断控制方式下，每次数据传送CPU都要暂停现行程序的执行，转去执行中断服务程序。在中断服务程序中，还需要有保护现场及恢复现场的操作，虽然这些操作和数据传送没有直接关系，但仍要花费CPU的许多时间。所以采用程序控制方式及中断控制方式时，数据的传输速率不高。对于高速外设，如高速磁盘装置或高速数据采集系统等，采用这样的传送方式往往满足不了其对数据传输速率的要求。直接存储器访问（direct memory access，DMA）方式不需要CPU参与（不需CPU执行程序指令），而在专门的硬件控制电路下实现外设与存储器间数据的直接传送。这一专门的硬件控制电路称为DMA控制器。

如图5-10所示，DMA方式实现的外设与存储器间的数据传送路径和CPU执行程序指令的数据传送路径不同。执行程序指令的数据传送必须经过CPU，而采用DMA方式的数据传送不需要经过CPU。DMA方式由于在传送数据时不用CPU执行程序指令，而通过专门的硬件电路（DMA控制器）发出地址及读/写控制信号，所以比通过执行程序指令来进行数据传送要快得多。

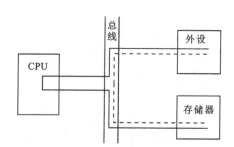

—— 执行程序指令的数据传送路径
---- DMA方式的数据传送路径

图5-10　两种不同的数据传送路径

在DMA控制器下，可以实现外设与内存之间、内存与内存之间及外设与外设之间的高速数据传送。DMA控制器能接收I/O接口的DMA请求，并向CPU发出总线请求信号，当CPU发出总线回答信号后，DMA控制器接管对总线的控制，进入DMA传送过程。DMA控制器还能输出地址信息并在数据传送过程中自动修改地址，同时向存储器和I/O接口发出相应的读/写控制信号，能控制数据传送的字节数，以及控制DMA传送是否结束，在DMA传送结束后，DMA控制器释放总线给CPU，恢复CPU对总线的控制。

目前，随着I/O接口技术的发展，DMA技术也得到了更广泛的应用。在高速网络适配器（网卡）及各种高速接口电路中，往往采用DMA技术以获得高速率的数据传送。

第6章 寻址方式与指令系统

计算机所能识别和执行的全部指令，称为该机器的指令系统，又称指令集。指令系统体现计算机的基本功能。计算机指令通常由操作码和操作数两部分构成，其中的操作码部分指示指令执行什么操作，它在机器中的表示比较简单，只需对每一种类型的操作(如加法、减法等)指定一个二进制代码即可。但指令的操作数部分的表示方法就要复杂得多，它需提供与操作数或操作数地址有关的信息。在实际程序编写时，常常不直接在指令中给出操作数，而是给出存放操作数的地址。有时甚至操作数的存放地址也不直接给出，而是给出计算操作数地址的方法。这种指令中提供操作数或操作数地址的方式就称为寻址方式。

6.1 寻址方式

计算机执行程序时，需要依据指令给出的寻址方式计算出操作数地址，然后从该地址中取出操作数并进行指令的操作，或者把操作结果送入某一操作数地址中。寻址方式分为数据寻址方式和转移地址寻址方式两种类型。虽然后者是指在程序非顺序执行时如何寻找转移地址的问题，但在方法上与前者并无本质区别，因此也将其归入寻址方式的范畴。

6.1.1 数据寻址方式

(1)立即寻址

指令中直接给出操作数，操作数紧跟在操作码之后，并作为指令的一部分存放在代码段中，这种寻址方式称为立即寻址。这样的操作数称为立即数，立即数可以是8位、16位或32位。如果是16位或32位的多字节立即数，则高位字节存放在高地址中，低位字节存放在低地址中。立即寻址方式常用来给寄存器赋初值，并且只能用于源操作数，不能用于目的操作数。

由于操作数可以直接从指令中获得，不需要额外的存储器访问，所以采用这种寻址方式的指令执行速度很快，但它需占用较多的指令字节。

【例6-1】 MOV AL, 56H

指令中的"MOV"为传送数据的操作码，"AL"和"56H"为操作数，其中"AL"为目的操作数，"56H"为源操作数。该指令源操作数的寻址方式为立即寻址。指令执行后，AL＝56H，立即数56H被送入AL寄存器。

【例6-2】 MOV AX, 3412H

该指令中源操作数的寻址方式也为立即寻址。指令执行后，AX＝3412H，立即数3412H被送入AX寄存器。其中AH中为34H，AL中为12H。

如图6-1所示，指令是存放在代码段中的，在指令的操作码后紧接着存放的就是16位立即数的低位字节 12H，然后是高位字节 34H。也就是说该立即数成了指令机器码的一部分，所以被存放在代码段中，CPU 取指令时立即获得该数据。

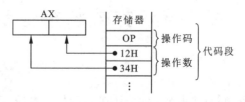

图 6-1　立即寻址方式

（2）寄存器寻址

操作数在 CPU 内部的寄存器中，由指令指定某个寄存器，这种寻址方式称为寄存器寻址。对于 8 位操作数，寄存器可以是 AH、AL、BH、BL、CH、CL、DH 和 DL，对于 16 位或 32 位操作数，寄存器可以是 16 位或 32 位的通用寄存器。寄存器也可以是段寄存器 CS，但 CS 不能做目的操作数。

采用寄存器寻址方式时，占用指令机器码的位数较少，因为寄存器数目远少于存储器单元的数目，所以只需很少的几位代码即可表示。并且由于指令的整个操作都在 CPU 内部进行，不需要访问存储器来取得操作数，所以指令执行速度很快。寄存器寻址方式既可用于源操作数，也可用于目的操作数，还可以两者兼用。

【例 6-3】　MOV AX，BX

该指令中源操作数和目的操作数的寻址方式均为寄存器寻址。若指令执行前，AX = 3412H，BX = 7856H，则指令执行后，AX = 7856H，BX = 7856H。

（3）直接寻址

直接寻址时，操作数在存储器中，在指令中直接给出操作数的有效地址（数据在内存中存放的偏移地址），并将其存放于代码段中指令的操作码之后。操作数一般存放在数据段中，但也可存放在数据段以外的其他段中。具体存放在哪一段，应通过指令的"段跨越前缀"来指定。在计算物理地址时应使用相应的段寄存器。

【例 6-4】　MOV AX，DS：［2000H］

该指令源操作数的寻址方式为直接寻址，指令中直接给出了操作数的有效地址（EA），即段内偏移地址 2000H，对应的段寄存器为 DS。

如果段基址 DS = 3000H，则源操作数在数据段中的物理地址：

PA = 3000H×16+2000H = 30000H+2000H = 32000H。

如图 6-2 所示，如果 32000H 单元的内容为 12H，32001H 单元的内容为 34H。指令执行后，AX = 3412H，其中 AH 中为 34H，AL 中为 12H。

若操作数在附加段中，则应通过"段跨越前缀"来指定对应的段寄存器为 ES，如：MOV AX，ES：［2000H］。该指令还可等效地表示为：ES：MOV AX，［2000H］。

在实际的汇编语言源程序中所看到的直接寻址方式，往往是使用符号地址而不是数值地址，即往往通过符号地址来实现直接寻址。如：MOV AX，VAR。其中，VAR 为程序中定义的一个内存变量，它表示存放源操作数的内存单元的符号地址。

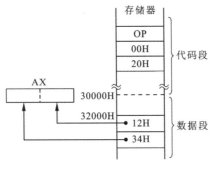

图 6-2　直接寻址方式

（4）寄存器间接寻址

在寄存器间接寻址方式下，操作数在存储器中，而操作数的有效地址在基址寄存器（BX、BP）或变址寄存器（SI、DI）中。对于 80386 及以上 CPU，这种寻址方式允许使用任何 32 位的通用寄存器。

寄存器间接寻址的有效地址 EA 可表示如下：

$$EA = \begin{cases} BX \\ BP \\ SI \\ DI \end{cases}$$

或 EA = 32 位的通用寄存器（80386 及以上 CPU 可用）。若指令中用来存放有效地址的寄存器是 BX、SI、DI、EAX、EBX、ECX、EDX、ESI、EDI，则默认的段寄存器是 DS。若使用的寄存器是 BP、EBP、ESP，则默认的段寄存器是 SS。

【例 6-5】　MOV AX，[BX]

该指令源操作数的寻址方式为寄存器间接寻址，指令的功能是把数据段中以 BX 的内容为有效地址的字单元的内容传送至 AX。

如果段基址 DS = 3000H，BX = 2000H，则源操作数的物理地址：

PA = 3000H×16+2000H = 30000H+2000H = 32000H。

如图 6-3 所示，如果 32000H 单元的内容为 12H，32001H 单元的内容为 34H。指令执行后，AX = 3412H，其中 AH 中为 34H，AL 中为 12H。

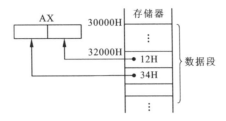

图 6-3　寄存器间接寻址方式

指令中也可以通过"段跨越前缀"来取得其他段中的数据。

如：MOVAX, ES：[BX]，其源操作数存放在附加段中。

这种寻址方式可以方便地用于一维数组或表格的处理，通过执行指令访问一个表项后，只需修改用于间接寻址的寄存器的内容就可访问下一项。

（5）寄存器相对寻址

寄存器相对寻址方式的操作数在存储器中，而操作数的有效地址是一个基址寄存器（BX、BP）或一个变址寄存器（SI、DI）的内容与指令中一个指定的位移量（DISP）的和。对于80386 及以上 CPU，这种寻址方式允许使用任何 32 位通用寄存器。其中的位移量可以是8 位、16 位或 32 位（80386 及以上 CPU）的带符号数。这种寻址方式的有效地址 EA 可表示如下：

$$EA = \begin{cases} BX \\ BP \\ SI \\ DI \end{cases} + DISP$$

或 EA＝（32 位通用寄存器）+DISP（80386 及以上 CPU 可用）。默认段寄存器的情况与前面寄存器间接寻址方式相同，即若指令中使用的是 BP、EBP、ESP，则默认的段寄存器是 SS。若使用的是其他通用寄存器，则默认的段寄存器是 DS。两种情况都允许使用段跨越前缀。

【例 6-6】 MOV AX, [SI+DISP]

也可表示为：MOV AX, DISP [SI]。

该指令源操作数的寻址方式为寄存器相对寻址，其中的 DISP 为符号形式表示的位移量，其值可通过伪指令来定义。

如果段基址 DS＝2000H，SI＝3000H，DISP＝2000H，则源操作数的有效地址：

EA＝3000H+2000H＝5000H。

物理地址：

PA＝2000H×16+5000H＝20000H+5000H＝25000H。

如图 6-4 所示，如果 25000H 单元的内容为 12H，25001H 单元的内容为 34H。指令执行

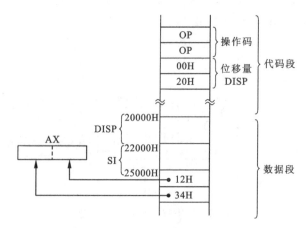

图 6-4 寄存器相对寻址方式

后，AX＝3412H，其中 AH 中为 34H，AL 中为 12H。

寄存器相对寻址方式也可方便地用于一维数组或表格的处理，如可将表格首地址的偏移量设置为 DISP，通过修改基址寄存器或变址寄存器的内容即可访问不同的表项。

(6)基址变址寻址

基址变址寻址方式的操作数在存储器中，而操作数的有效地址是一个基址寄存器(BX、BP)与一个变址寄存器(SI、DI)的内容之和。其中的基址寄存器和变址寄存器均由指令指定。对于 80386 及以上 CPU，还允许使用变址部分除 ESP 以外的任何两个 32 位通用寄存器的组合。

默认的段寄存器由所选用的基址寄存器决定。即若使用 BP、EBP 或 ESP，则默认的段寄存器是 SS；若使用其他通用寄存器，则默认的段寄存器是 DS。两种情况都允许使用段跨越前缀。有效地址 EA 可表示如下：

$$EA = \begin{Bmatrix} BX \\ BP \end{Bmatrix} + \begin{Bmatrix} SI \\ DI \end{Bmatrix}$$

对于 80386 及以上 CPU，有效地址 EA 可表示如下：

$$EA = \begin{Bmatrix} EAX \\ EBX \\ ECX \\ EDX \\ ESP \\ EBP \\ ESI \\ EDI \end{Bmatrix}_{\text{基址}} + \begin{Bmatrix} EAX \\ EBX \\ ECX \\ EDX \\ EBP \\ ESI \\ EDI \end{Bmatrix}_{\text{变址}}$$

【例 6-7】　MOV AX，[BX + SI]

也可表示为：MOV AX，[BX][SI]。

该指令源操作数的寻址方式为基址变址寻址。

如果段基址 DS＝2000H，BX＝1000H，SI＝200H，则源操作数的有效地址：

EA＝1000H+200H＝1200H。

物理地址：

PA ＝2000H×16+1200H ＝20000H+1200H＝21200H。

如图 6-5 所示，如果 21200H 单元的内容为 12H，21201H 单元的内容为 34H。指令执行后，AX＝3412H，其中 AH 中为 34H，AL 中为 12H。

这种寻址方式同样适用于一维数组或表格的处理，可将数组首地址的偏移量存放于基址寄存器中，而用变址寄存器来访问数组中的各个元素。由于两个寄存器都可以修改，所以这种寻址方式比寄存器相对寻址更加灵活。

(7)相对基址变址寻址

相对基址变址寻址方式的操作数在存储器中，而操作数的有效地址是一个基址寄存器(BX、BP)与一个变址寄存器(SI、DI)的内容再加上指令中给定的一个位移量(DISP)的和。对于 80386 及以上 CPU，还允许使用变址部分除 ESP 以外的任何两个 32 位通用寄存器及一

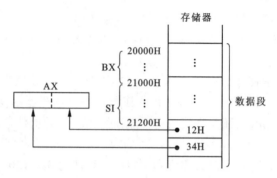

图 6-5　基址变址寻址方式

个位移量的组合。两个寄存器均由指令指定。位移量可以是 8 位、16 位或 32 位(80386 及以上 CPU)的带符号数。

默认的段寄存器由所选用的基址寄存器决定。若使用 BP、EBP 或 ESP,则默认的段寄存器是 SS。若使用 BX 或其他 32 位通用寄存器,则默认的段寄存器是 DS。两种情况都允许使用段跨越前缀。有效地址 EA 可表示如下:

$$EA = \begin{Bmatrix} BX \\ BP \end{Bmatrix} + \begin{Bmatrix} SI \\ DI \end{Bmatrix} + DISP$$

对于 80386 及以上 CPU,有效地址 EA 可表示如下:

$$EA = \underbrace{\begin{Bmatrix} EAX \\ EBX \\ ECX \\ EDX \\ ESP \\ EBP \\ ESI \\ EDI \end{Bmatrix}}_{\text{基址}} + \underbrace{\begin{Bmatrix} EAX \\ EBX \\ ECX \\ EDX \\ EBP \\ ESI \\ EDI \end{Bmatrix}}_{\text{变址}} + DISP$$

【例 6-8】　MOV AX, [BX + SI + DISP]

也可表示为:MOV AX, DISP [BX][SI] 或 MOV AX, DISP[BX+ SI]。

这种寻址方式可以用于访问二维数组,设数组元素在内存中按行顺序存放(先存放第一行所有元素,再存放第二行所有元素……),将 DISP 设为数组起始地址的偏移量,基址寄存器(如 BX)为某行首与数组起始地址的字节距离(即 BX＝行下标×一行所占用的字节数),变址寄存器(如 SI)为某列与所在行首的字节距离(对于字节数组,即 SI＝列下标),这样通过基址寄存器和变址寄存器即可访问数组中不同行和列的元素。若保持 BX 不变而 SI 改变,则可以访问同一行的所有元素,若保持 SI 不变而 BX 改变,则可以访问同一列的所有元素。

6.1.2　转移地址寻址方式

一般情况下指令是顺序逐条执行的,但实际上也经常发生执行转移指令改变程序执行流向的现象。与数据寻址方式确定操作数的地址不同，转移地址寻址方式是确定转移指令的转向地址（又称转移的目标地址）。转移地址寻址方式有段内直接寻址、段内间接寻址、段间直接寻址和段间间接寻址共4种方式。

如果转向地址与转移指令在同一个代码段中，这样的转移称为段内转移，也称近转移。如果转向地址与转移指令位于不同的代码段中，这样的转移称为段间转移，也称远转移。如果转向地址直接放在指令中，则这样的转移称为直接转移。如果转向地址间接放在其他地方（如寄存器中或内存单元中），则这样的转移称为间接转移。

（1）段内直接寻址

段内直接寻址方式是在指令中直接给出转移的目标地址（通常是以符号地址的形式给出）。在指令的机器码中，转移的目标地址是以距当前IP值的8位或16位位移量的形式来表示的。此位移量即为转移的目标地址与当前IP值之差。指令执行时，转移的目标地址是当前的IP值与机器码指令中给定的8位或16位位移量之和。

段内直接寻址方式既适用于条件转移指令，也适用于无条件转移指令，但当它用于条件转移指令时，位移量只允许为8位，而无条件转移指令的位移量可以为8位，也可以为16位。通常称位移量为8位的转移为"短转移"。

【例6-9】 JMP NEAR PTR PROG1

    JMP SHORT LAB

指令中的"JMP"为指令跳转的操作码，"PROG1"和"LAB"均为符号形式的转移的目标地址。在机器码指令中，它们是用距当前IP值的位移量的形式来表示的。若在符号地址前加操作符"NEAR PTR"，则相应的位移量为16位，可实现距当前IP值-32768～+32767字节的转移。若在符号地址前加操作符"SHORT"，则相应的位移量为8位，可实现距当前IP值-128～+127字节的转移。若在符号地址前不加任何操作符，则默认为"NEAR PTR"。

（2）段内间接寻址

采用段内间接寻址方式时，转向地址在一个寄存器或内存单元中，其寄存器号或内存单元地址可用数据寻址方式中除立即寻址以外的任何一种寻址方式获得。转移指令执行时，从寄存器或内存单元中取出有效地址送入IP，从而实现转移。

【例6-10】 JMP BX

    JMP WORD PTR[BX+SI]

第一条指令JMP BX执行时，将从寄存器BX中取出有效地址送入IP。第二条指令中的操作符"WORD PTR"表示其后的[BX+SI]是一个字型内存单元。指令执行时，将从[BX+SI]所指向的字单元中取出有效地址送入IP。

（3）段间直接寻址

段间直接寻址方式的指令中直接提供转向地址的段基址和偏移地址，所以只要用指令中指定的偏移地址取代IP的内容，用段基址取代CS的内容就完成了从一个段到另一个段的转移操作。

【例6-11】 JMP FAR PTR LAB

指令中，"LAB"为转向的符号地址，"FAR PTR"则是段间转移的操作符。

（4）段间间接寻址

采用段间间接寻址方式时，用存储器中的两个相继字单元的内容来取代IP和CS的内容，以达到段间转移的目的。其存储单元的地址是通过指令中指定的除立即寻址和寄存器寻址方式以外的任何一种数据寻址方式取得的。

【例 6-12】 JMP DWORD PTR ［BX+SI］

指令中，"［BX+SI］"表明存储单元的寻址方式为基址变址寻址；"DWORD PTR"为双字操作符，说明要从存储器中取出双字的内容来实现段间接转移。

6.2 指令系统

用编码表示的 CPU 的一个基本操作，可以称为一条指令。全部指令的集合就称为该 CPU 的指令系统。指令系统反映 CPU 的基本功能，是硬件设计人员和程序员能见到的机器的主要属性，是硬件构成的计算机系统向外部世界提供的直接界面。一个 CPU 的指令系统是固定的，不同类型的 CPU 有不同的指令系统，一般同一系列向上兼容。

用二进制数编码表示的指令，称为机器指令或机器码。机器码及其使用的一组规则称为机器语言。用机器语言编写的程序称为目标程序。机器语言是 CPU 能直接识别的唯一语言，可直接被计算机执行，执行速度快，占用内存空间小，但编程效率低、可读性差、可移植性差，于是常常采用一套助记符来是帮助记忆、描述指令的功能。助记符通常是指令功能的英文单词的缩写，如数的传送指令用 MOV，转移指令用 JMP 等。用助记符等表示的指令称为汇编格式指令。

汇编格式指令必须转换成二进制机器码形式才能被 CPU 识别和执行。这种转换工作通常由计算机专门软件——汇编程序（汇编器）来自动完成。本节将以 8086 指令系统为例，主要采用汇编格式的形式来介绍计算机指令系统。8086 指令系统仅是 80x86 指令系统的一个子集，但它是理解和掌握整个 80x86 指令系统从而进行 80x86 汇编语言程序设计的重要基础。8086 指令系统包括 100 多条指令，按功能可分为数据传送指令、算术运算指令、逻辑运算和移位指令、串操作指令、转移指令和处理器控制指令六大类型。

6.2.1 指令编码格式

8086 指令系统采用可变长指令，其指令机器码长度随指令的不同而不同，最短的为 1 字节，最长的为 6 字节。如图 6-6 所示，指令机器码中各字节的排列顺序依次为：1 个操作码字节，1 个可能的寻址方式字节，1~2 字节的可能的位移量（或地址）和 1~2 字节的可能的立即数。

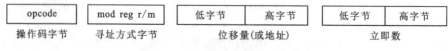

| opcode | mod reg r/m | 低字节 | 高字节 | 低字节 | 高字节 |

操作码字节　　　寻址方式字节　　　位移量（或地址）　　　立即数

图 6-6　8086 指令机器码一般格式

操作码字节用来指示该指令所执行的操作，一般占用指令机器码的第一字节，但也有几条指令的操作码中有 3 位在第二字节中的现象。很多指令的操作码本身少于 8 位，此时操作码字节中剩余的位用来表示指令的其他相关信息。如一些单字节指令的寄存器号就在该字节中，还有许多指令用第一字节的最低 2 位（或 1 位）作为某种特征信息位。

寻址方式字节是指令的编码中最复杂的字节，在这一字节中存放关于操作数类型和操作数寻址的信息。单字节指令中没有独立的寻址方式字节，但在需要时用操作码字节中的 2 位或 3 位来指明一个寄存器操作数。

指令编码中的位移量部分给出了一个 8 位或 16 位的数来计算有效地址。如果是 16 位的位移量，那么低字节在低地址单元，高字节在高地址单元。

指令编码中的立即数部分给出一个 8 位或 16 位的立即数。同样如果是 16 位立即数，则低字节在低地址单元，高字节在高地址单元。

如图 6-7 所示，与指令机器码对应的汇编格式指令同样包含操作码和操作数。操作码指明 CPU 要执行什么样的操作，是一条汇编格式指令中必不可少的部分，用助记符表示，如数据传送指令的操作码"MOV"。操作数指明参与操作的数据或数据所在的位置，需要了解操作数的来源、个数、类型。

图 6-7　8086 汇编格式指令

操作数一般有 3 种来源，在指令中的称立即数操作数，如"MOV AL，9"中的"9"；在寄存器中的称寄存器操作数，指令中给出用符号表示的寄存器名，如"MOV AL，9"中的"AL"；在存储单元中的称存储器操作数或内存操作数，指令中给出该内存单元的地址，用"[ ]"表示存储器操作数，如"MOV AL，[2000H]"中的"[2000H]"。

指令中的操作数个数可以是 0 个、1 个、2 个或 3 个，分别称为无操作数、单操作数、双操作数和三操作数。无操作数指令只有操作码，没有操作数。这是由于有些指令不需要操作数，如某些处理机控制指令，而有些操作数隐含在指令中。单操作数指令中只有一个操作数，如某些操作只需要一个操作数或操作数隐含在指令中。对于操作数大于 1 的多操作数指令，一般将紧跟在操作码后的操作数称为目的操作数（DST），目的操作数后面的操作数称为源操作数（SCR），指令操作结果通常存放在目的操作数中。

另外，某些指令还有指令前缀和段超越前缀。前缀一般是对其后的指令或指令中操作数的一种限制。前缀在执行时并不一定会使处理器立即产生一个动作，可能只是使处理器改变对其后的指令或指令中操作数的操作方式。前缀不是指令操作码或指令操作数的一部分。8086 指令系统提供的前缀有 3 种：串操作的重复前缀（REP、REPE/REPZ、REPNE/REPNZ）、总线封锁前缀（LOCK）和段超越前缀（ES：、CS：、SS：、DS：）。前两种前缀是指令前缀，最后一种前缀是存储器操作数的前缀。在这 3 种前缀中，串操作的重复前缀加在串操作指令的左边，使处理器可以重复执行其右边的串操作指令；总线封锁前缀通常在多处理器的环境中使用，可以加在某些指令的左边，以防止系统中的其他处理器在 LOCK 右边的指令执行期间占用总线而造成错误的操作结果；段超越前缀用于在存储器寻址方式中改变默认的段寄存器。

6.2.2 数据传送指令

数据传送指令用于把数据或地址传送到寄存器或存储器单元中，如表 6-1 所示，可分为 4 组共 14 条指令。数据传送指令中除了目的操作数为标志寄存器的指令外，其余指令均不影响标志位。

表 6-1 数据传送指令

分组	助记符	功能	操作数类型
数据传送指令	MOV	传送	字节/字
	PUSH	压栈	字
	POP	弹栈	字
	XCHG	交换	字节/字
累加器专用传送指令	XLAT	换码	字节
	IN	输入	字节/字
	OUT	输出	字节/字
地址传送指令	LEA	装入有效地址	字
	LDS	把指针装入寄存器和 DS	4 字节
	LES	把指针装入寄存器和 ES	4 字节
标志传送指令	LAHF	把标志装入 AH	字节
	SAHF	把 AH 送至标志寄存器	字节
	PUSHF	标志压栈	字
	POPF	标志弹栈	字

（1）数据传送指令 MOV

格式：MOV DST，SCR。

操作：DST←SRC。

说明：DST 表示目的操作数，SCR 表示源操作数。MOV 指令可以把 1 字节或字操作数从源位置传送至目的位置，源操作数保持不变。

示例：MOV AX，BX；将 BX 寄存器的内容送至 AX 寄存器，BX 的内容保持不变。

根据源操作数和目的操作数是寄存器、立即数或存储器操作数的不同情况，MOV 指令可实现多种不同传送功能，如图 6-8 所示。

一般来说，如果一条指令的两个操作数中一个为立即寻址而另一个为存储器寻址，则必须在存储器寻址的操作数前加长度标记，否则会出现语法错误。如指令"MOV WORD PTR [SI]，15"中的"WORD PTR"为字长度标记，它明确指出 SI 所指向的内存单元为字型，立即数 15 将被汇编成 16 位的二进制数。如果指令中总有一个操作数的长度是明确的，就不需要额外显式说明操作数的长度。

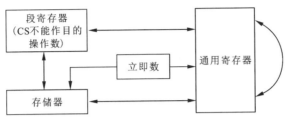

图 6-8　MOV 指令数据传送

（2）进栈指令 PUSH

格式：PUSH SRC。

操作：先将堆栈指针寄存器 SP 的值减 2，再把字类型的源操作数传送到 SP 指向的栈顶单元。传送时源操作数的高位字节存放在堆栈区的高地址单元，低位字节存放在低地址单元，SP 指向这个低地址单元。

说明：SRC 为 16 位的寄存器操作数或存储器操作数。

示例：PUSH AX；将 AX 寄存器的内容压至栈顶，AX 的内容保持不变。

（3）出栈指令 POP

格式：POP DST。

操作：先将 SP 指向的现栈顶的字单元内容传送给目的操作数，再将 SP 的值加 2，使 SP 指向新的栈顶。

说明：DST 为 16 位的寄存器操作数或存储器操作数，也可以是除 CS 寄存器以外的段寄存器。

示例：POP BX；将栈顶字单元的内容弹出到 BX 寄存器中。

【例 6-13】　设 AX = 10，BX = 20，CX = 30，DX = 40，SP = 1000H，依次执行：

PUSH AX

PUSH BX

POP CX

POP DX

4 条指令执行后，这些寄存器的值各为多少？

根据 PUSH 和 POP 指令的功能，容易得出上述 4 条指令执行后：

AX = 10，BX = 20，CX = 20，DX = 10，SP = 1000H。

（4）交换指令 XCHG

格式：XCHG OPR1，OPR2。

操作：操作数 OPR1 和 OPR2 的内容互换。

说明：两个操作数的长度可均为 8 位或均为 16 位，且其中至少有一个是寄存器操作数，因此它可以在两个寄存器之间或在寄存器和存储器之间交换信息，但不允许使用段寄存器。

示例：XCHG AX，BX；将 AX 寄存器与 BX 寄存器的内容进行交换，AX 寄存器的内容变成原 BX 寄存器的内容，BX 寄存器的内容变成原 AX 寄存器的内容。

（5）换码指令 XLAT

格式：XLAT。

操作：通过 AL 中的索引值在字节型数据表中查得表项内容并返回到 AL 中。

说明：XLAT 指令也称查表指令，使用该指令之前，应在数据段中定义一个字节型表，并将表起始地址的偏移量放入 BX，表的索引值放入 AL，索引值从 0 开始，最大为 255。指令执行后，在 AL 中即可得到对应于该索引值的表项内容。

【例 6-14】 TAB 为数据段中一个字节型表的开始地址，

```
TAB   DB   3FH, 06H, 5BH, 4FH, 66H        ; 定义的数据表
      DB   6DH, 7DH, 07H, 7FH, 6FH
MOV   BX, OFFSET TAB                       ; 将 TAB 的偏移量送入 BX
MOV   AL, 4                                ; 使 AL 中存放欲查单元的索引值 4
XLAT                                       ; 查表得到的内容在 AL 中
```

执行该程序段后，AL 寄存器的值是多少？

分析可知 AL=66H。

例 6-14 中 TAB 开始地址的字节型表中存放的数据其实是某型 LED 数码管的输入代码（也称段码），用来控制 LED 数码管显示相应的字形符号。只要事先在 AL 中放好某个十进制数字（0~9），就能通过执行上述程序段得到 LED 数码管的相应段码，将其输入 LED 显示电路，即可显示出相应的十进制数字。

（6）输入指令 IN

格式：IN AL/AX, PORT。

操作：把外设端口（PORT）的内容输入 AL/AX 寄存器，即累加器 AC 中。

说明：输入指令 IN 从输入端口传送 1 字节到 AL 寄存器或传送 1 个字到 AX 寄存器。当端口地址为 0~255 时，可用直接寻址方式（即用一个字节立即数指定端口地址），也可用间接寻址方式（即用 DX 的内容指定端口地址）。当端口地址大于 255 时，只能用间接寻址方式。

示例：IN AX, 80H；将 80H 端口的内容（字）传送到 AX 寄存器。

（7）输出指令 OUT

格式：OUT PORT, AL/AX。

操作：把累加器的内容输出到外设端口（PORT）。

说明：输出指令 OUT 将 AL 中的 1 字节或 AX 中的 1 个字传送到输出端口，端口地址的寻址方式同 IN 指令。

示例：OUT 80H, AL；将 AL 寄存器的内容送到 80H 端口。

（8）装载有效地址指令 LEA（load effetive address）

格式：LEA REG, SRC。

操作：把源操作数的有效地址（即偏移地址）装入指定寄存器。

说明：源操作数必须是存储器操作数，目的操作数必须是 16 位的通用寄存器。

示例：LEA BX, [BX+DI+ 6H]；将"[BX+DI+ 6H]"的有效地址送到 BX 寄存器。若指令执行前 BX = 1000H, DI = 0200H，则指令执行后 BX = 1206H, 1206H 即是源操作数的有效地址。

注意该指令与"MOV BX，[BX+DI+6H]"指令功能上的区别。LEA 指令传送的是存储器操作数的有效地址，而 MOV 指令传送的是存储器操作数的内容。

（9）装载数据段指针指令 LDS(load pointer into register and DS)

格式：LDS REG，SRC。

操作：将源操作数指定的 FAR 型指针(占存储器中连续 4 个字节单元)传送给目的操作数和 DS 寄存器。

说明：目的操作数必须是 16 位的通用寄存器，传送时较低地址的 2 字节装入 16 位的通用寄存器，较高地址的 2 字节装入 DS 寄存器。

示例：LDS SI，[10H]；将存储器数据段中偏移地址为 10H 的字单元内容送至 SI 寄存器，同时将偏移地址为 12H 的字单元内容送至 DS 寄存器。

（10）装载附加段指针指令 LES(load pointer into register and ES)

格式：LES REG，SRC。

操作：将源操作数指定的 FAR 型指针传送给目的操作数和 ES 寄存器。

说明：LES 指令与 LDS 指令的操作类似，不同的是传送时较高地址的 2 字节装入 ES 寄存器而不是 DS 寄存器。

（11）LAHF 指令

格式：LAHF。

操作：将标志寄存器的低 8 位传送至 AH 寄存器，标志寄存器本身的值不变。

（12）SAHF 指令

格式：SAHF。

操作：将 AH 寄存器内容传送至标志寄存器的低 8 位，改变了标志寄存器的低 8 位。

（13）PUSHF 指令

格式：PUSHF。

操作：先将 SP 的值减 2，再将标志寄存器的内容传送到 SP 指向的栈顶，标志寄存器的内容不变。

（14）POPF 指令

格式：POPF。

操作：先将 SP 指向的现栈顶字传送到标志寄存器，然后将 SP 的值加 2 以指向新的栈顶，改变了标志寄存器的所有位。

6.2.3 算术运算指令

如表 6-2 所示，算术运算指令可分为 5 组，共有 20 条。除了用来执行加、减、乘、除等算术运算的指令外，还可以执行算术运算时所需要的结果调整、符号扩展等指令。除符号扩展指令(CBW 和 CWD)外，其他指令均影响某些状态标志。

算术运算指令包括二进制运算指令和十进制运算指令(即十进制调整指令)两种类型，操作数有单操作数和双操作数两种，双操作数的规定同 MOV 指令，即目的操作数不允许是立即数和 CS 寄存器，两个操作数不允许同时为存储器操作数等。

表6-2　算术运算指令

分组	助记符	功能	操作数类型	对状态标志位的影响					
				OF	SF	ZF	AF	PF	CF
加法	ADD	加	字节/字	×	×	×	×	×	×
	ADC	加（带进位）	字节/字	×	×	×	×	×	×
	INC	加1	字节/字	×	×	×	×	×	—
	AAA	加法的 ASCII 码调整		u	u	u	×	u	×
	DAA	组合 BCD 数加法十进制调整		u	×	×	×	×	×
减法	SUB	减	字节/字	×	×	×	×	×	×
	SBB	减（带借位）	字节/字	×	×	×	×	×	×
	DEC	减1	字节/字	×	×	×	×	×	—
	NEG	取补	字节/字	×	×	×	×	×	×
	CMP	比较	字节/字	×	×	×	×	×	×
	AAS	减法的 ASCII 码调整		u	u	u	×	u	×
	DAS	组合 BCD 数减法十进制调整		u	×	×	×	×	×
乘法	MUL	乘（不带符号）	字节/字	×	u	u	u	u	×
	IMUL	乘（带符号）	字节/字	×	u	u	u	u	×
	AAM	乘法的 ASCII 码调整		u	×	×	u	×	u
除法	DIV	除（不带符号）	字节/字	u	u	u	u	u	u
	IDIV	除（带符号）	字节/字	u	u	u	u	u	u
	AAD	除法的 ASCII 码调整		u	×	×	u	×	u
符号扩展	CBW	把字节扩展成字		—	—	—	—	—	—
	CWD	把字节扩展成双字		—	—	—	—	—	—

注：×表示根据操作结果设置标志，u表示操作后标志值无定义，—表示对该标志无影响。

此外，所有二进制运算指令可以实现二进制算术运算，参加运算的操作数及运算结果都是二进制数（虽然书写源程序时可以用十进制，但汇编后会替换成为二进制形式）。它们可以是8位/16位的无符号数和带符号数。带符号数在机器中用补码表示，最高位为符号位，0表示正，1表示负。

（1）加法指令 ADD

格式：ADD DST, SRC。

操作：DST←DST+SRC。

说明：ADD指令运算时不加CF的值，指令的执行结果会影响OF、SF、ZF、AF、PF、CF标志。

示例：ADD AX, 25；将 AX 寄存器内容加25，结果存放在 AX 中。

（2）带进位加法指令 ADC

格式：ADC DST, SRC。

操作：DST←DST+SRC+CF。

说明：因为指令操作时要加 CF 的值，所以它可用于多字节或多字的加法程序，指令的执行结果会影响 OF、SF、ZF、AF、PF、CF 标志。

示例：ADC AX, 25；将 AX 寄存器内容加 25，再加 CF 的值，结果存放在 AX 中。

（3）加 1 指令 INC

格式：INC OPR。

操作：OPR←OPR+1。

说明：使用该指令可以方便地实现地址指针或循环次数的加 1 修改，指令的执行结果不影响 CF 标志，但会影响 OF、SF、ZF、AF、PF 标志。

示例：INC CL；将 CL 寄存器内容加 1。

（4）减法指令 SUB

格式：SUB DST, SRC。

操作：DST←DST-SRC。

说明：SUB 指令运算时不减 CF 的值，但指令的执行结果会影响 CF 标志。

示例：SUB AX, 25；将 AX 寄存器内容减 25，结果存放在 AX 中。

（5）带借位减法指令 SBB

格式：SBB DST, SRC。

操作：DST←DST-SRC-CF。

说明：因为该指令操作时要减 CF 的值，所以它可用于多字节或多字的减法程序。

示例：SBB AX, 25；将 AX 寄存器内容减 25，再减 CF 的值，结果存放在 AX 中。

（6）减 1 指令 DEC

格式：DEC OPR。

操作：OPR←OPR-1。

说明：使用该指令可以方便地实现地址指针或循环次数的减 1 修改，该指令不影响 CF 标志，但影响其他 5 个状态标志。

示例：DEC CL；将 CL 寄存器内容减 1。

（7）取补指令 NEG(negate)

格式：NEG OPR。

操作：OPR←-OPR(或 OPR←0-OPR)。

说明：NEG 指令把操作数(OPR)当成带符号数(用补码表示)，如果操作数是正数，执行 NEG 指令则将其变成负数。如果操作数是负数，执行 NEG 指令则将其变成正数。指令的具体实现为：将操作数的各位(包括符号位)取反，末位加 1，所得结果就是原操作数的相反数(-OPR)。

示例：NEG AL；将 AL 寄存器的内容当成补码形式的符号数进行正负数转换操作，如 AL=00010001B=[+17]补，执行指令后 AL=11101111B=[-17]补。

（8）比较指令 CMP

格式：CMP DST, SRC。

操作：DST-SRC。

说明：该指令执行减法操作，但并不回送结果，只是根据相减的结果设置标志位，常用于比较两个数的大小。

示例：CMP AX, BX；执行 AX 寄存器内容与 BX 寄存器内容相减的操作，但并不改变 AX 内容，只根据运算结果改变相应的状态标志位。

【例6-15】 设 X、Y、Z、W 均为字变量(即均为 16 位二进制数，并分别存入 X、Y、Z、W 字单元中)，实现 W←X+Y+120-Z 运算的程序段如下：

```
MOV AX, X          ; AX←X
ADD AX, Y          ; AX←X+Y
ADC AX, 120        ; AX←X+Y+120
SUB AX, Z          ; AX←X+Y+120-Z
MOV W, AX          ; W←AX
```

(9)无符号数乘法指令 MUL

格式：MUL SRC。

操作：字节操作数 AX←AL×SRC，字操作数 DX：AX←AX×SRC。

说明：操作数和乘积均为无符号数。源操作数(SRC)只能是寄存器或存储器操作数，不能是立即数。另一个乘数(目的操作数)必须事先放在累加器 AL 或 AX 中。若源操作数是 8 位，则与 AL 中的内容相乘，乘积在 AX 中；若源操作数是 16 位，则与 AX 中的内容相乘，乘积在 DX：AX 这一对寄存器中。影响 6 个状态标志，但仅 CF 和 OF 有意义，其他无定义。

示例：MOV AL, 8

MUL BL ；将 BL 寄存器中的内容乘8，乘积存放在 AX 寄存器中。

(10)带符号数乘法指令 IMUL

格式：IMUL SRC。

操作：同 MUL 指令。

说明：操作数及乘积均为带符号数，乘积的符号符合一般代数运算的符号规则。

(11)无符号除法指令 DIV

格式：DIV SRC。

操作：字节除数 AL←AX /SRC 的商，AH←余数；

字除数 AX←DX：AX/SRC 的商，DX←余数。

说明：被除数、除数、商及余数均为无符号数。6 个状态标志均无定义。

(12)带符号除法指令 IDIV

格式：IDIV SRC。

操作：字节除数 AL←AX/SRC 的商，AH←余数；

字除数 AX←DX：AX/SRC 的商，DX←余数。

说明：被除数、除数、商及余数均为带符号数，商的符号符合一般代数运算的符号规则，余数的符号与被除数相同。6 个状态标志均无定义。

(13)字节扩展成字指令 CBW

格式：CBW。

操作：把 AL 寄存器中的符号位扩展到 AH 中(即把 AL 寄存器中的最高位送入 AH 的所

有位)。

说明：不影响任何标志位。

示例：MOV AL，78H

　　　CBW；AX←0078H

(14)字扩展成双字指令 CWD

格式：CWD。

操作：把 AX 寄存器中的符号位扩展到 DX 中(即把 AX 寄存器中的最高位送入 DX 的所有位)。

说明：不影响任何标志位。

示例：MOV AX，78H

　　　CBD；DX←0000H，AX←0078H

【例 6-16】　设 X、Y、Z、V 均为字变量(即均为 16 位二进制数，并分别存入 X、Y、Z、V字单元中)，则实现四则混合运算[V-(X×Y+Z-540)]/X 的程序段如下：

```
MOV   AX, X
IMUL  Y          ; X×Y, 结果在 DX：AX 中
MOV   CX, AX
MOV   BX, DX     ; 乘积放在 BX：CX 中
MOV   AX, Z
CWD
ADD   CX, AX
ADC   BX, DX     ; 将符号扩展后的 Z 加到 BX：CX 中
SUB   CX, 540
SBB   BX, 0      ; 将 BX：CX 中的内容减 540
MOV   AX, V
CWD
SUB   AX, CX
SBB   DX, BX
IDIV  X; 将符号扩展后的 V 减 BX：CX 并除以 X, 商在 AX 中, 余数在 DX 中。
```

前面介绍的算术运算指令均为二进制数的运算指令。但在大部分实际问题中，数据通常是以十进制数形式来表示的。为了能让计算机处理十进制数，一种办法是在指令系统中专门增设面向十进制运算的指令，但这样会增加指令系统的复杂性，从而使 CPU 结构变得复杂。常用的办法是将实际问题中的十进制数在机器中以二进制编码的十进制数形式(即 BCD数)表示，并在机器中统一用二进制运算指令来运算和处理。但通过分析发现，用二进制运算指令来处理 BCD 数，有时所得结果是不对的，还必须经过适当调整才能使结果正确。为了实现这样的调整功能，在指令系统中需要专门设置针对 BCD 数运算的调整指令，即下面介绍的十进制调整指令。需要说明的是，由于其仅仅是十进制调整而不是真正意义上的十进制运算，所以这组指令需要与相应的二进制运算指令相配合才可以得到正确的结果。

另外，由于 BCD 数又分为组合 BCD 数及非组合 BCD 数两种类型，所以相应的调整指令也有两组，即组合 BCD 数调整指令及非组合 BCD 数调整指令。

例如计算 18+7=25，在机器中用组合 BCD 数表示及运算的过程为：

```
    0 0 0 1  1 0 0 0   ……18 的组合 BCD 数表示
  + 0 0 0 0  0 1 1 1   ……7 的组合 BCD 数表示
    0 0 0 1  1 1 1 1   ……?（结果不正确，低 4 位 1111 是非法 BCD 码）
```

所得结果"0001 1111"实际上是计算机执行二进制运算指令的结果。对于该结果，从二进制数的角度来看，它是正确的(等于十进制数 31)。但从组合 BCD 数角度来看，该结果是不正确的，原因是其中的低 4 位"1111"为非法 BCD 码，必须对它进行适当变换(调整)才能使结果正确。变换的方法是在对应的非法 BCD 码上加 6(二进制 0110)，使其产生进位，此进位从二进制运算规则来说是"满十六进一"的，但进到了 BCD 数的高一位数字时，却将其当成了 10，似乎少了 6，此时考虑前面的"加 6"，则结果刚好正确。可见，在 BCD 数运算结果中，只要一位 BCD 数所对应的二进制码为 1010~1111(超过 9)，就应通过在其上"加 6"进行调整。

实际 BCD 数在进行加法运算时，如果两个 BCD 数字相加的结果是一个在 1010~1111 之间的二进制数(非法 BCD 码)，或者有向高一位数字的进位(AF=1 或 CF=1)时，就应在现行数字上"加 6(0110)"进行调整。这种调整功能可由系统专门提供的调整指令自动完成。但是 8086 指令系统没有提供组合 BCD 数的乘法和除法调整指令，主要原因是相应的调整算法比较复杂，所以 8086 不支持组合 BCD 数的乘、除法运算。

(15)组合 BCD 数加法十进制调整指令 DAA(decimal adjust for addition)

格式：DAA。

操作：跟在二进制加法指令之后，将 AL 中的和数调整为组合 BCD 数格式并送回 AL。

示例：MOV AL, 18H　　;18H 是 18 的组合 BCD 数形式，被送到 AL 中

　　　ADD AL, 07H　　;07H 是 7 的组合 BCD 数形式，相加后 AL=1FH

　　　DAA　　　　　　;调整后，AL=25H，为正确的组合 BCD 数结果

(16)组合 BCD 数减法十进制调整指令 DAS(decimal adjust for subtraction)

格式：DAS。

操作：跟在二进制减法指令之后，将 AL 中的差数调整为组合 BCD 数格式并送回 AL。

示例：MOV AL, 32H　　;32H 是 32 的组合 BCD 数形式，被送到 AL 中

　　　SUB AL, 18H　　;18H 是 18 的组合 BCD 数形式，相减后 AL=1AH

　　　DAS　　　　　　;调整后，AL=14H，为正确的组合 BCD 数结果

(17)加法的 ASCII 码调整指令 AAA

格式：AAA。

操作：跟在二进制加法指令之后，将 AL 中的和数调整为非组合 BCD 数格式并送回 AL。

示例：MOV AX, 0035H　　;数字 0 和 5 的 ASCII 码分别被送到 AH 和 AL 中

　　　MOV BL, 38H　　　;38H 是数字 8 的 ASCII 码，被送到 BL 中

　　　ADD AL, BL　　　;相加后 AL=6DH

　　　AAA　　　　　　　;调整后，AX=0103H，为正确的非组合 BCD 数结果

(18)减法的 ASCII 码调整指令 AAS

格式：AAS。

操作：跟在二进制减法指令之后，将 AL 中的差数调整为非组合 BCD 数格式并送回 AL。

(19)乘法的 ASCII 码调整指令 AAM

格式：AAM。

操作：跟在二进制乘法指令 MUL 之后，对 AL 中的结果进行调整，调整后的非组合 BCD 数送回 AX。

示例：MOV AL，05H

　　　MOV BL，09H

　　　MUL BL　　　　;相乘后 AX＝002DH

　　　AAM　　　　　;调整后，AX＝0405H，为正确的非组合 BCD 数结果

(20)除法的 ASCII 码调整指令 AAD

格式：AAD。

操作：AAD 指令放于二进制除法指令 DIV 之前，对 AX 中的非组合 BCD 数形式的被除数进行调整，以便在执行 DIV 指令之后，在 AL 中得到非组合 BCD 数形式的商，余数在 AH 中。

6.2.4　逻辑运算与移位指令

逻辑运算与移位指令可实现对二进制位的操作和控制，所以又称为位操作指令。位操作指令可分为逻辑运算指令、移位指令和循环移位指令 3 组，共 13 条。

(1)逻辑非指令 NOT

格式：NOT OPR。

操作：OPR 按位取反后，结果送回 OPR。

说明：操作数不能是立即数，可以为 8 位或 16 位，不影响标志位。

示例：MOV AL，05H　;AL←00000101

　　　NOT AL　　　　; AL＝11111010

(2)逻辑与指令 AND

格式：AND DST，SRC。

操作：DST←DST∧SRC。

说明：操作数可以为 8 位或 16 位，立即数不能作为目的操作数，常用于把操作数的某些位清 0(与 0 相"与")而其他位保持不变(与 1 相"与")，影响标志位。

示例：MOV AL，05H　; AL←00000101

　　　AND AL，FEH　; AL＝00000100，最后 1 位置 0，其余位不变

(3)逻辑或指令 OR

格式：OR DST，SRC。

操作：DST←DST∨SRC。

说明：操作数可以为 8 位或 16 位，立即数不能作为目的操作数，常用于把操作数的某些位置 1(与 1 相"或")而其他位保持不变(与 0 相"或")，影响标志位。

示例：MOV AL，05H　; AL←00000101

　　　OR AL，F0H　; AL＝11110101，高 4 位置 1，其余位不变

(4)逻辑异或指令 XOR

格式：XOR DST，SRC。

操作：DST←DST ∀ SRC。

说明：操作数可以为 8 位或 16 位，立即数不能作为目的操作数，常用于把操作数的某些位变反(与 1 相"异或")而其他位保持不变(与 0 相"异或")，影响标志位。

示例：MOV AL, 05H ; AL←00000101

XOR AL, 03H ; AL=00000110, 最低 2 位取反, 其余位不变

(5)逻辑测试指令 TEST

格式：TEST OPR1, OPR2。

操作：OPR1∧OPR2。

说明：操作数可以为 8 位或 16 位，立即数不能作为目的操作数，常用来检测操作数的某些位是 1 还是 0，在其后加上条件转移指令可实现程序转移。

示例：MOV AL, 05H ; AL←00000101

TEST AL, 04H ; AL=00000101, AL 内容不变, 只影响标志位

"逻辑测试"指令和"逻辑与"指令的功能有所不同，"逻辑测试"指令执行后只影响相应的标志位而不改变任何操作数本身(即不回送操作结果)。此外，使用双操作数逻辑运算指令时，除了立即数不能作为目的操作数外，也不允许两个操作数都是存储器操作数，这与 MOV 指令对操作数寻址方式的限制相同。

移位指令实现对操作数的移位操作，根据将操作数看成无符号数和有符号数的不同情形，又可把移位操作分为"逻辑移位"和"算术移位"两种类型。逻辑移位是把操作数看成无符号数来进行移位，右移时最高位补 0，左移时最低位补 0。算术移位则把操作数看成有符号数，右移时最高位(符号位)保持不变，左移时最低位补 0。

(6)逻辑左移指令 SHL(shift logic left)

格式：SHL DST, CNT

操作：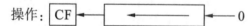

说明：无符号数向左移位，最低位补 0。目的操作数 DST 可以是 8 位、16 位的寄存器或存储器操作数。CNT 为移位计数值，可以设定为 1，也可以由寄存器 CL 确定其值。

示例：MOV AL, 05H ; AL←00000101

MOV CL, 3 ; 设移位计数值为 3

SHL AL, CL ; AL=00101000, CF=0, 左移 3 位, 低 3 位补 0

(7)算术左移指令 SAL(shift arithmetic left)

格式：SAL DST, CNT。

操作：

说明：SAL 和 SHL 指令的功能相同，在机器中它们实际上对应同一种操作。

(8)逻辑右移指令 SHR(shift logic right)

格式：SHR DST, CNT。

操作：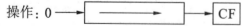

说明：无符号数向右移位，最高位补 0。目的操作数 DST 可以是 8 位、16 位的寄存器或存储器操作数。CNT 为移位计数值，可以设定为 1，也可以由寄存器 CL 确定其值。

示例：MOV AL, 05H ; AL←00000101

MOV CL, 3 ; 设移位计数值为 3

SHR AL，CL ；AL＝00000000，CF＝1，右移3位，高3位补0

（9）算术右移指令SAR（shift arithmetic right）

格式：SAR DST，CNT。

操作：

说明：带符号数向右移位，最高位（符号位）保持不变。目的操作数DST可以是8位、16位的寄存器或存储器操作数。CNT为移位计数值，可以设定为1，也可以由寄存器CL确定其值。

移位指令执行移位操作后，AF总是无定义的，PF、SF和ZF在指令执行后被修改。CF总是包含目的操作数移出的最后一位的值。OF在多位移位后是无定义的。在一次移位情况下，若最高位（即符号位）的值被改变，则OF置1，否则置0。使用移位指令除了可以实现对操作数的移位操作外，还可以实现对一个数进行乘以2^n或除以2^n的运算，使用这种方法的运算速度要比直接使用乘、除法时快得多。其中逻辑移位指令适用于无符号数运算，SHL用来乘以2^n，SHR用来除以2^n。而算术移位指令则用于带符号数运算，SAL用来乘以2^n，SAR用来除以2^n。

【例6-17】 设AL中有一无符号数X，用移位指令求$10X$的程序段如下：

MOV AH，0

SHL AX，1 ；求得2X

MOV BX，AX ；暂存于BX

MOV CL，2 ；设置移位次数

SHL AX，CL ；求得8X

ADD AX，BX ；求得8X+2X＝10X

循环移位指令对操作数中的各位进行循环移位。进行循环移位时，移出操作数的各位并不像前述移位指令那样被丢失，而是周期性地返回操作数的另一端。和移位指令一样，要循环移位的位数取自计数操作数，它可规定为立即数1，也可由寄存器CL确定。

（10）循环左移指令ROL（rotate left）

格式：ROL DST，CNT。

操作：

说明：向左移位，移出的高位补回到低位形成循环移位，每次移位均会把移出的高位同时赋给CF。目的操作数DST可以是8位、16位的寄存器或存储器操作数。CNT为移位计数值，可以设定为1，也可以由寄存器CL确定其值。

示例：MOV AL，05H ；AL←00000101

MOV CL，3 ；设移位计数值为3

ROL AL，CL ；AL＝00101000，CF＝0，左移3位补回到低3位

（11）循环右移指令ROR（rotate right）

格式：ROR DST，CNT。

操作：

说明：向右移位，移出的低位补回到高位形成循环移位，每次移位均会把移出的低位同

时赋给 CF。目的操作数 DST 可以是 8 位、16 位的寄存器或存储器操作数。CNT 为移位计数值，可以设定为 1，也可以由寄存器 CL 确定其值。

示例：MOV AL, 05H　；AL←00000101

　　　 MOV CL, 3　　 ；设移位计数值为 3

　　　 ROR AL, CL　 ；AL = 101000000, CF = 1, 右移 3 位补回到高 3 位

（12）带进位循环左移指令 RCL(rotate through CF left)

格式：RCL DST, CNT。

操作：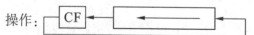

说明：把 CF 当成最高位一起向左移位，移出的 CF 补回到低位形成循环移位。目的操作数 DST 可以是 8 位、16 位的寄存器或存储器操作数。CNT 为移位计数值，可以设定为 1，也可以由寄存器 CL 确定其值。

示例：MOV AL, 05H　；AL←00000101, 设 CF = 1

　　　 MOV CL, 3　　 ；设移位计数值为 3

　　　 RCL AL, CL　　；AL = 00101100, CF = 0,

　　　　　　　　　　 ；连同 CF 一起左移 3 位补回到低 3 位

（13）带进位循环右移指令 RCR(rotate through CF right)

格式：RCR DST, CNT。

操作：

说明：把 CF 当成最低位一起向右移位，移出的 CF 补回到高位形成循环移位。目的操作数 DST 可以是 8 位、16 位的寄存器或存储器操作数。CNT 为移位计数值，可以设定为 1，也可以由寄存器 CL 确定其值。

示例：MOV AL, 05H　；AL←00000101, 设 CF = 0

　　　 MOV CL, 3　　 ；设移位计数值为 3

　　　 RCR AL, CL　　；AL = 01000000, CF = 1,

　　　　　　　　　　 ；连同 CF 一起右移 3 位补回到高 3 位

循环移位指令只影响进位标志 CF 和溢出标志 OF。CF 中总是包含循环移出的最后一位的值。在多位循环移位的情况下，OF 的值是无定义的。在一位循环移位中，若移位操作改变了目的操作数的最高位，则 OF 置 1，否则置 0。

【例 6-18】 将 DX：AX 中的 32 位二进制数乘以 2 可以用如下移位指令：

SHL AX, 1

RCL DX, 1

6.2.5　串操作指令

串操作指令对字节串或字串进行每次一个元素(字节或字)的操作，被处理的串长度可达 64 KB。如表 6-3 所示，串操作包括串传送、串比较、串扫描、取串和存串等。在这些基本操作前面加一个重复前缀，就可以由硬件重复执行某一基本指令，从而使串操作的速度远远大于用软件循环处理的速度。这些重复操作通过各种条件终止，并且可以被中断和恢复。

表6-3　串操作指令及重复前缀

分组	名称	格式	操作
串操作指令	串传送 （字符串传送，字串传送）	MOVS （MOVSB，MOVSW）	（ES：DI）←（DS：SI）， SI-SI±1 或 2，DI←DI±1 或 2
	串比较 （字符串比较，字串比较）	CMPS （CMPSB，CMPSW）	（ES：DI）←（DS：SI）， SI←SI±1 或 2，DI←DI±1 或 2
	串扫描 （字符串扫描，字串扫描）	SCAS （SCASB，SCASW）	AL 或 AX-（ES：DI），DI←DI± 1 或 2
	取串 （取字符串，存字串）	LODS （LODSB，LODSW）	AL 或 AX←（DS：DI），SI←SI± 1 或 2
	存串 （存字符串，存字串）	STOS （STOSB，STOSW）	（ES：DI）←AL 或 AX，DI←DI± 1 或 2
重复前缀	无条件重复前缀	REP	使其后的串操作重复执行，每执 行一次，CX 内容减 1
	相等/为 0 重复前缀	REPE/REPZ	当 ZF=1 且 CX≠0 时，重复执行 其后的串操作，每执行一次，CX 内容减 1，直至 ZF=0 或 CX=0
	不相等/不为 0 重复前缀	REPNE/REPNZ	当 ZF=0 且 CX≠0 时，其后的串 操作，每执行一次，CX 内容减 1， 直至 ZF=1 或 CX=0

串操作指令可以显式地带有操作数，例如串传送指令 MOVS 可以写成"MOVS DST，SRC"的形式，但为了书写简洁，串操作指令通常采用隐含寻址方式。在隐含寻址方式下，源串中元素的地址一般为 DS：SI，即 DS 寄存器提供段基值，SI 寄存器提供偏移量。目的串中元素的地址为 ES：DI，即由 ES 寄存器提供段基值，DI 寄存器提供偏移量。但可以通过使 DS 和 ES 指向同一段来在同一段内进行运算。待处理的串长度必须放在 CX 寄存器中。每处理完一个元素，CPU 自动修改 SI 和 DI 寄存器的值，并使之指向下一个元素。SI 和 DI 寄存器的修改与两个因素有关，一是被处理的是字节串还是字串，二是当前的方向标志 DF 的值。

无条件重复前缀 REP 常与 MOVS（串传送）和 STOS（存串）指令一同使用，执行到 CX=0 时为止。相等/为 0 重复前缀 REPE 和 REPZ 具有相同的含义，只有当 ZF=1 且 CX≠0 时才重复执行串操作。不相等/不为 0 重复前缀 REPNE 和 REPNZ 具有相同的含义，只有当 ZF=0 且 CX≠0 时才重复执行串操作。这 4 种重复前缀（REPE/REPZ 和 REPNE/REPNZ）常与 CMPS（串比较）和 SCAS（串扫描）一起使用。

（1）串传送指令 MOVSB/MOVSW

格式：MOVSB/MOVSW。

操作：（ES：DI）←（DS：SI），SI←SI±1 或 2，DI←DI±1 或 2。

说明：将位于 DS 段中由 SI 寄存器所指的源串所在的存储器单元的字节或字传送到 ES 段中由 DI 寄存器所指的目的串所在的存储单元中，再修改 SI 和 DI 寄存器的值，从而指向下一个单元。MOVSB 每次传送 1 字节，MOVSW 每次传送 1 个字。MOVSB/MOVSW 指令前面常加重复前缀 REP，若加 REP，则每传送一个串元素(字节或字)，CX 寄存器减 1，直到 CX = 0 为止。

示例：MOV AX, DS

MOV ES, AX

MOV SI, 2000H ；给定源串的起始低地址

MOV DI, 1000H ；给定目的串的起始低地址

MOV CX, 100 ；设置串字节数

CLD ；DF=0，地址增量修改

REPMOVSB

在使用 MOVSB/MOVSW 指令进行串传送时，要注意传送方向，即需要考虑是从源串的高地址端还是低地址端开始传送。如果源串与目的串的存储区域不重叠，则传送方向没有影响，如果源串与目的串的存储区域有一部分重叠，则只能从一个方向开始传送。当源串地址低于目的串地址时，则只能从源串的高地址处开始传送，且 DF 置 1，以使传送过程中 SI 和 DI 自动减量修改。当源串地址高于目的串地址时，则只能从源串的低地址处开始传送，且 DF 置 0，以使传送过程中 SI 和 DI 自动增量修改。

(2)串比较指令 CMPSB/CMPSW

格式：CMPSB/CMPSW。

操作：(ES: DI)-(DS: SI)，SI←SI±1 或 2，DI←DI±1 或 2。

说明：将源串的一个元素减去目的串中相对应的一个元素，但不回送结果，只是根据结果特征设置标志，并修改 SI 和 DI 寄存器的值以指向下一个元素。通常在 CMPSB/CMPSW 指令前加上重复前缀 REPZ/REPE 或 REPNZ/REPNE，以寻找目的串与源串中第一个相同或不相同的串元素。

示例：MOV SI, 2000H ；给定源串的起始低地址

MOV DI, 1000H ；给定目的串的起始低地址

MOV CX, 100 ；设置串字节数

CLD ；DF=0，地址增量修改

REPZCMPSB ；检测两个字节串是否完全相同

若不完全相同，还可由 CX 的值知道第一个不相同的字节是串中的第几个元素。

(3)串扫描指令 SCASB/SCASW

格式：SCASB/SCASW。

操作：AL 或 AX -(ES: DI)，DI←DI±1 或 2。

说明：串扫描指令用 AL 中的字节或 AX 中的字与 ES: DI 所指向的内存单元的字节或字相比较，即把两者相减，但不回送结果，只根据结果特征设置标志位，并修改 DI 寄存器的值以指向下一个串元素。通常在 SCASB/SCASW 指令前加上重复前缀 REPE/REPZ 或 REPNE/REPNZ，以寻找串中第一个与 AL(或 AX)的值相同或不相同的串元素。

示例：MOV AL, '@' ；将要扫描查找的"@"字符的 ASCII 码送往 AL

MOV DI, 1000H ；给定目的串的起始低地址

MOV CX, 100 ；设置串字节数

CLD ；DF=0，地址增量修改

　　　　　REPNZSCASB　　　;串扫描比较

　　注意,ZF 标志并不因 CX 寄存器在操作过程中不断减 1 而受影响,所以在上面的示例程序段中可用 JZ 指令来判断是否扫描到所寻找的字符。当执行到 JZ 指令时,若 ZF=1,则一定是因为扫描到"@"字符而结束扫描。

　　(4)取串指令 LODSB/LODSW

　　格式:LODSB/LODSW。

　　操作:AL 或 AX←(DS:SI),SI←SI±1 或 2。

　　说明:取串指令用来将 DS:SI 所指向的存储区的字节或字取到 AL 或 AX 寄存器中,并修改 SI 的值以指向下一个元素。因为累加器在每次重复时都被重写,只有最后一个元素被保存下来,故这条指令前一般不加重复前缀,而常用在循环程序段中和其他指令结合起来完成复杂的串操作功能。

　　(5)存串指令 STOSB/STOSW

　　格式:STOSB/STOSW。

　　操作:(ES:DI)← AL 或 AX,DI←DI±1 或 2。

　　说明:存串指令把 AL 或 AX 的内容存入 ES:DI 所指向的内存单元,并修改 DI 寄存器的值使其指向下一个单元。STOSB/STOSW 指令前加上重复前缀 REP 后,可以使一段内存单元中填满相同的值。STOSB/STOSW 指令前面也可以不加重复前缀,而类似 LODSB/LODSW 指令,同其他指令结合起来完成较复杂的串操作功能。

6.2.6　转移指令

　　能改变执行顺序的指令统称为转移指令。在 8086 系统中,指令的执行顺序由代码段寄存器 CS 和指令指针寄存器 IP 的值决定。CS 寄存器包含现行代码段的段基值,用来指出将被取出指令的 64 KB 存储器区域的首地址。使用 IP 作为距离代码段首地址的偏移量。CS 和 IP 的结合指出了将要取出指令的存储单元地址。转移指令根据 IP 寄存器和 CS 寄存器进行操作。改变这些寄存器的内容就会改变程序的执行顺序。

　　8086 指令系统包含 4 组转移指令,如表 6-4 所示,分别是无条件转移指令、条件转移指令、循环控制指令和中断及中断返回指令。其中只有中断返回指令(IRET)影响 CPU 的控制标志位,但很多转移指令的执行受状态标志位控制和影响,即转移指令执行时会把相应的状态标志的值作为测试条件,若条件为真,则转向指令中的目标标号(LABEL),否则顺序执行下一条指令。

表 6-4　8086 转移指令

分组	格式	指令功能	测试条件
无条件 转移指令	JMP　DST	无条件转移	
	CALL　DST	过程调用	
	RET	过程返回	

续表6-4

分组		格式	指令功能	测试条件
条件转移指令	根据某一状态标志转移	JC　　　　LABEL	有进位时转移	CF＝1
		JNC　　　LABEL	没有进位时转移	CF＝0
		JE/JZ　　LABEL	等于/为0时转移	ZF＝1
		JNE/JNZ　LABEL	不等于/不为0时转移	ZF＝0
		JO　　　　LABEL	溢出时转移	OF＝1
		JNO　　　LABEL	无溢出时转移	OF＝0
		JNP/JNO　LABEL	奇偶位为0时转移	PF＝0
		JP/JO　　LABEL	奇偶位为1时转移	PF＝1
		JNS　　　LABEL	正数时转移	SF＝0
		JS　　　　LABEL	负数时转移	SF＝1
	对无符号数	JB/JNAE　LABEL	低于/不高于等于时转移	CF＝1
		JNB/JAE　LABEL	不低于/高于等于时转移	CF＝0
		JA/JNBE　LABEL	高于/不低于等于时转移	CF＝0 且 ZF＝0
		JNA/JBE　LABEL	不高于/低于等于时转移	CF＝1 且 ZF＝1
	对有符号数	JL/JNGE　LABEL	小于/不大于等于时转移	SF≠OF
		JNL/JGE　LABEL	不小于/大于等于时转移	SF＝OF
		JG/JNLE　LABEL	大于/不小于等于时转移	ZF＝0 且 SF＝OF
		JNG/JLE　LABEL	不大于/小于等于时转移	ZF＝1 或 SF≠OF
循环控制指令		LOOP　　　　　LABEL	循环	CX≠0
		LOOPE/LOOPZ　　LABEL	相等/为0时循环	CX≠0 且 ZF＝1
		LOOPNE/LOOPNZ　LABEL	不等/结果不为0时循环	CX≠0 且 ZF＝0
		JCXZ　　　LABEL	CX值为0时循环	CX＝0
中断及中断返回指令		INT	中断	
		INTO	溢出中断	
		IRET	中断返回	

（1）无条件转移指令 JMP

JMP 指令使程序无条件转移到目标地址去执行，根据目标地址寻址方式的不同，JMP 指令有几种不同的格式及操作。

①段内直接短转移格式：JMP SHORT LABEL。

操作：IP←IP+8 位位移量。

说明：其中 LABEL 是符号形式的转移目标地址，8 位位移量是根据转移目标地址 LABEL 确定的。转移的目标地址在汇编格式的指令中通常使用符号地址，但在机器码指令中，它是用距当前 IP 值(即 JMP 指令下一条指令的地址)的位移量来表示的。指令执行时,将当前 IP 值与该 8 位位移量之和送入 IP 寄存器。由于位移量要满足向前或向后转移的需要,所以它是一个带符号数,允许在距当前 IP 值−128~+127 字节范围的转移。

②段内直接近转移格式:JMP NEAR PTR LABEL。

操作:IP←IP+16 位位移量。

说明:段内直接近转移和段内直接短转移的操作类似,只不过其位移量为 16 位。在汇编格式的指令中 LABEL 也只需要使用符号地址,由于位移量是 16 位带符号数,所以它可以实现距当前 IP 值−32768~+32767 字节范围的转移。

③段内间接转移格式:JMP WORD PTR OPR。

操作:IP←(EA)。

说明:其中有效地址 EA 由 OPR 的寻址方式确定。它可以采用除立即数寻址以外的任何一种寻址方式,如果指定的是 16 位寄存器,则把寄存器的内容送到 IP 寄存器中。如果是存储器寻址,则把存储器中相应字单元的内容送到 IP 寄存器。

④段间直接转移格式:JMP FAR PTR LABEL。

操作:IP←LABEL 的段内偏移量,CS←LABEL 的段基值。

说明:在汇编格式指令中 LABEL 为符号形式的目标地址,而在机器语言表示形式中其为对应于 LABEL 的偏移量和段基值。

⑤段间间接转移格式:JMP DWORD PTR OPR。

操作:IP←(EA),CS←(EA+2)。

说明:其中 EA 由 OPR 的寻址方式确定,它可以使用除立即数及寄存器寻址以外的任何存储器寻址方式。根据寻址方式求出 EA 后,把从 EA 开始的低字单元的内容送到 IP 寄存器,高字单元的内容送到 CS 寄存器,从而实现段间转移。

示例:JMP DWORD PTR[BX+SI+10H];段间间接转移,目标地址存放于 BX+SI+10H 所指向的内存双字单元中。

(2)过程调用指令 CALL

"过程"是能够完成特定功能的程序段,习惯上也称为"子程序",调用"过程"的程序称作"主程序"。随着软件技术的发展,过程已成为一种常用的程序结构,尤其是在模块化程序设计中,过程调用已成为一种必要的手段。在程序设计中,使用过程调用可简化主程序的结构,缩短软件的设计周期。8086 指令系统中把处于当前代码段的过程称作近过程,可通过 NEAR 属性参数来定义;而把处于其他代码段的过程称作远过程,可通过 FAR 属性参数来定义。

过程调用指令 CALL 迫使 CPU 暂停执行下一条顺序指令,而把下一条指令的地址压入堆栈,这个地址叫返回地址。返回地址压栈保护后,CPU 会转去执行指定的过程。等过程执行完毕后,再由过程返回指令 RET/RET n 从堆栈顶部弹出返回地址,从而从 CALL 指令的下一条指令继续执行。

根据目标地址(即被调用过程的地址)寻址方式的不同,CALL 指令有 4 种不同的格式及相应操作,如表 6-5 所示。

表 6-5　过程调用指令

名称	格式及举例	操作
段内直接调用	CALL　　DST 例： CALL　　DISPLAY	SP←SP−2 ⎫ (SP+1, SP)←IP ⎬ 保存返回地址 IP←IP+16 位位移量　形成转移地址
段内间接调用	CALL　　DST 例： CALL　　BX	SP←SP−2 ⎫ (SP+1, SP)←IP ⎬ 保存返回地址 IP←(EA)　　形成转移地址 (EA——由 DST 的寻址方式计算出的有效地址)
段间直接调用	CALL　　DST 例： CALL　　FAR PTR　L	SP←SP−2 (SP+1, SP)←CS ⎫ SP←SP−2　　　　⎬ 保存返回地址 (SP+1, SP)←IP IP←偏移量 ⎫ CS←段基值 ⎬ 形成转移地址
段间间接调用	CALL　　DST 例： CALL　　DWORD PTR [DI]	SP←SP−2 (SP+1, SP)←CS ⎫ SP←SP−2　　　　⎬ 保存返回地址 (SP+1, SP)←IP IP←(EA) ⎫ CS←(EA+2) ⎬ 形成转移地址

段内直接调用 CALL 指令与前面介绍的"JMP DST"指令类似。CALL 指令中的 DST 在汇编格式的表示形式中一般为符号地址(即被调用过程的过程名)，在指令的机器码表示形式中，同样是用相对于当前 IP 值(即 CALL 指令的下一条指令的地址)的位移量来表示的。指令执行时，首先将 CALL 指令的下一条指令的地址压入堆栈，该操作称为保存返回地址，然后将当前 IP 值与指令机器码中的一个 16 位的位移量相加，形成转移地址，并将其送入 IP 寄存器，从而使程序转移至被调过程的入口处。

段内间接调用 CALL 指令也是将下一条指令的地址压入堆栈，而调用目标地址的 IP 值则来自一个通用寄存器或存储器两个连续字节单元中所存的内容。

段间直接调用 CALL 指令和段间间接调用 CALL 指令与段内调用不同，段间调用在保存返回地址时要依次将 CS 和 IP 值压入堆栈。

(3)过程返回指令 RET/RET n

过程返回指令 RET/RET n 也有 4 种格式，分别是段内返回、段内带立即数返回、段间返回和段间带立即数返回，如表 6-6 所示。由于段内调用时，不管是直接调用还是间接调用，执行 CALL 指令时对堆栈的操作都是一样的，即使 IP 值进栈。因此，对于段内返回，RET/RET n 指令将 IP 值弹出堆栈。而对于段间返回，RET/RET n 指令则与段间调用的 CALL 指令相呼应，分别将 CS 和 IP 值弹出堆栈。

表6-6 过程返回指令

名称	格式	操作
段内返回	RET （机器码为C3H）	$IP\leftarrow(SP+1, SP)$ $SP\leftarrow SP+2$ } 弹出返回地址
段内带立即数返回	RET n	$IP\leftarrow(SP+1, SP)$ $SP\leftarrow SP+2$ } 弹出返回地址 $SP\leftarrow SP+n$　（n 为偶数）
段间返回	RET （机器码为CBH）	$IP\leftarrow(SP+1, SP)$ $SP\leftarrow SP+2$ $CS\leftarrow(SP+1, SP)$ $SP\leftarrow SP+2$ } 弹出返回地址
段间带立即数返回	RET n	$IP\leftarrow(SP+1, SP)$ $SP\leftarrow SP+2$ $CS\leftarrow(SP+1, SP)$ $SP\leftarrow SP+2$ } 弹出返回地址 $SP\leftarrow SP+n$　（n 为偶数）

如果主程序通过堆栈向过程传送了一些参数，过程在运行中就要使用这些参数，过程执行完毕返回时，这些参数也应从堆栈中作废。这就产生了"RET n"格式的指令，即RET指令中带立即数 n。n 就是要从栈顶作废的参数字节数。由于堆栈操作是以字为单位进行的，因此 n 必须是一个偶数。

（4）条件转移指令

条件转移指令共有18条，如表6-4所示。条件转移指令是通过在指令执行时检测由前面指令已设置的标志位来确定是否发生转移的指令。它往往跟在影响标志位的算术运算或逻辑运算指令之后，用来控制转移。条件转移指令本身并不影响任何标志位。条件转移指令执行时，若测试的条件满足（条件为真），则程序转向指令中给出的目标地址处，否则顺序执行下一条指令。

8086指令系统中，所有的条件转移指令都是短转移，即目标地址必须在现行代码段，并且应在当前IP值的-128~+127字节范围内。此外，8086指令系统的条件转移指令均为相对转移，它们的汇编格式也都是类似的，即形如"JC LABEL"的格式，其中的标号在汇编指令中可直接使用符号地址，但在指令的机器码表示形式中对应一个8位的带符号数（数值为目标地址与当前IP值之差）。如果发生转移，则将这个带符号数与当前IP值相加，其和作为新的IP值。另外，由于带符号数的比较与无符号数的比较的结果特征是不一样的，因此指令系统给出了两组指令，分别用于无符号数与有符号数的比较。

（5）循环控制指令

循环程序是一种常用的程序结构。为了加快循环程序的执行，8086指令系统中专门设置了一组循环控制指令。从技术上讲，循环控制指令是条件转移指令，它是专门为实现循环控制而设计的。循环控制指令用CX寄存器作为计数器。与条件转移指令一样，循环控制指令都是相对短转移，即只能转移到它本身的 −128～+127 字节范围的目标地址处。

①循环指令格式：LOOP LABEL。

操作：执行时将 CX 的值减 1，若 CX ≠ 0，则转移到标号地址继续循环，否则结束循环，执行紧跟 LOOP 指令的下一条指令。

②相等/为 0 时循环指令格式：LOOPE/LOOPZ LABEL。

操作：执行时将 CX 的值减 1，若 CX ≠ 0 且 ZF 标志为 1，则继续循环，否则顺序执行下一条指令。

说明：LOOPE 和 LOOPZ 是同一条指令的不同助记符。

③不等/不为 0 时循环指令格式：LOOPNE/LOOPNZ LABEL。

操作：执行时将 CX 的值减 1，若 CX ≠ 0 且 ZF = 0，则继续循环，否则顺序执行下一条指令。

说明：LOOPNE 和 LOOPNZ 也是同一条指令的不同助记符。

上述循环控制指令本身并不影响任何标志位。即 ZF 标志位并不受 CX 减 1 的影响，ZF = 1，CX 不一定为 0。ZF 是由前面的指令决定的。

④CX 为 0 时循环指令格式：JCXZ LABEL。

操作：根据 CX 的值控制转移。若 CX = 0，则转移到标号地址处。

说明：该指令不对 CX 的值进行操作。

(6)中断及中断返回指令

中断及中断返回指令能使 CPU 暂停执行后续指令，而转去执行相应的中断服务程序，或从中断服务程序返回主程序。它与过程调用和返回指令有相似之处，区别在于中断类指令不直接给出服务程序的入口地址，而是给出服务程序的类型码(即中断类型码)。CPU 可根据中断类型码从中断入口地址表中查到中断服务程序的入口地址。

①中断指令格式：INT 中断类型码。

操作：执行 INT 指令时，先使标志寄存器 FR 的内容进栈，然后清除中断标志 IF 和单步标志 TF，从而禁止可屏蔽中断和单步中断进入，再将当前 CS 和 IP 寄存器的值压入堆栈保护，最后从中断入口地址表中取得中断服务程序的入口地址，并分别装入 CS 和 IP 寄存器。这样 CPU 就转去执行相应的中断服务程序。

②溢出中断指令格式：INTO。

操作：用来对溢出标志 OF 进行测试。若 OF = 1，则产生一个溢出中断，否则执行下一条指令而不启动中断过程。系统中把溢出中断定义为类型 4，其中断服务程序的入口地址存放在中断入口地址表的 10H～13H 单元中。

说明：INTO 指令一般跟在带符号数的算术运算指令之后，若运算发生溢出，则启动中断过程。

③中断返回指令格式：IRET。

操作：放在中断服务程序的末尾，执行该指令时从栈顶弹出 3 个字并分别送入 IP、CS 和 FR(按中断调用时的逆序恢复断点)，使 CPU 返回到程序断点处继续执行。

说明：中断返回指令 IRET 与过程返回指令 RET 的意义及执行的操作并不完全相同。

6.2.7　处理器控制指令

处理器控制指令主要用于实现各种控制 CPU 的功能及对某些标志位的操作，共有 12 条指令，如表 6-7 所示。

表 6-7　处理器控制指令

分组	格式	功能
标志操作	STC	把进位标志 CF 置 1
	CLC	把进位标志 CF 清 0
	CMC	把进位标志 CF 取反
	STD	把方向标志 DF 置 1
	CLD	把方向标志 DF 清 0
	STI	把中断标志 IF 置 1
	CLI	把中断标志 IF 清 0
外同步	HLT	暂停
	WAIT	等待
	ESC	交权
	LOCK	封锁总线
空操作	NOP	空操作

（1）标志操作指令

标志操作指令共有 7 条，各指令的格式及操作功能详见表 6-7。

（2）外同步指令

8086 CPU 工作在最大模式系统状态下，可与别的处理器一起构成多微处理器系统。当 CPU 需要协处理器帮助它完成某个任务时，CPU 可用同步指令向协处理器发出请求，等它们接受这一请求，CPU 才能继续执行程序。为此，8086 指令系统中专门设置了 HLT、WAIT、ESC 和 LOCK 4 条外同步指令。

暂停指令 HLT 可使 8086 CPU 进入暂停状态。若要离开暂停状态，则要使用 RESET 触发，或者接受 NMI 线上的不可屏蔽中断请求，或者允许中断时，接受 INTR 线上的可屏蔽中断请求。HLT 指令不影响任何标志位。

等待指令 WAIT 可使 8086 CPU 进入等待状态，并每隔 5 个时钟周期测试一次 8086 CPU 的 TEST 引脚状态，直到引脚上的信号变为有效为止。WAIT 指令与交权指令 ESC 联合使用，提供了一种存取协处理器 8087 数值的能力。

交权指令 ESC 是 8086 CPU 要求协处理器完成某种功能的命令。协处理器平时处于查询状态，一旦查询到 CPU 发出 ESC 指令，被选协处理器便可开始工作，根据 ESC 指令的要求完成某种操作。等协处理器操作结束，便在引脚上向 8086 CPU 回送一个有效信号，CPU 查询到有效才能继续执行后续指令。

总线封锁指令 LOCK 是一个特殊的指令前缀，它使 8086 CPU 在执行后面的指令期间，发出总线封锁信号，以禁止其他协处理器使用总线。它一般用于多处理器系统的程序设计。

（3）空操作指令

空操作指令 NOP 执行期间 8086 CPU 不完成任何有效操作，只是每执行一条 NOP 指令，耗费 3 个时钟周期的时间，该指令常用来延时或在取消部分指令时填充存储空间。

第7章 汇编语言

汇编语言(assemble language)是用指令助记符、符号常量、标号等符号形式来编写计算机程序的程序设计语言。它是一种面向机器的程序设计语言,是机器语言的符号化表示。使用汇编语言来编写程序的突出优点是可以用助记符来表示指令的操作码和操作数,可以用标号来代替地址,用符号表示常量和变量。指令助记符一般是相应操作的英文字母的缩写,便于识别和记忆。汇编语言编写的程序机器不能直接执行,而必须翻译成由机器码组成的目标程序。由于汇编语言的指令和机器语言的指令之间有一一对应的关系,所以很容易实现翻译,这个翻译的过程称为汇编。

用汇编语言编写的程序叫汇编语言源程序。上一章介绍的指令系统中的每条指令都是构成汇编语言源程序的基本语句。汇编语言和计算机硬件密切相关,汇编语言基于特定平台,不同的 CPU 有不同的汇编语言。采用汇编语言进行程序设计时,可以充分利用计算机硬件功能和结构的特点有效地加快程序的执行速度,减少目标程序所占用的存储空间。与高级语言相比,汇编语言提供了直接控制目标代码的手段,而且可以直接对输入/输出端口进行控制,实时性好,执行速度快,节省存储空间。一般来说,为解决同一问题,用汇编语言编写的程序比用高级编程语言编写的程序所占用的存储空间要节省 30%,执行速度要快 30%。所以对执行速度和存储空间都有严格要求的程序,比如一些实时控制程序,往往需要用汇编语言编写。此外,通过学习汇编语言还可以进一步了解计算机的工作原理和过程。

汇编语言的缺点是编程效率较低,且由于它紧密依赖机器结构,所以可移植性较差,即在一种计算机系统上编写的汇编语言程序很难直接移植到其他系统上去。尽管如此,由于利用汇编语言进行程序设计具有很高的时空效率,并能够充分利用机器的硬件资源等方面的特点,因此汇编语言在需要软、硬件结合的开发设计中,尤其是计算机底层软件的开发中,仍有着其他高级语言所无法替代的作用。

7.1 基本结构与概念

7.1.1 基本结构

汇编语言源程序的基本结构是按段来组织的。每段有一个名字,并以符号 SEGMENT 表示段的开始,以 ENDS 作为段的结束符号。段开始和结束符号的左边都必须有段的名字,而且同一段的开始和结束名字必须相同。如表 7-1 所示的程序中设有 3 个段,分别是数据段、堆栈段和代码段,段名分别对应为 DATA、STACK 和 CODE。每个汇编语言程序段由若干语句行组成。

语句是完成某种操作的指示和说明,是构成汇编语言程序的基本单位。汇编语言程序语句可分为 3 种类型：指令语句、伪指令语句和宏指令语句。指令语句可被汇编程序翻译成机器代码，并由 CPU 识别和执行。伪指令语句(又称指示性语句)并不会被翻译成机器代码，它仅向汇编程序提供某种指示和引导信息，使之在汇编过程中完成相应的操作，如给特定符号赋予具体数值，为特定存储单元放入所需数据等。宏指令语句是包含宏指令的汇编语言程序语句。在汇编语言源程序中，有的程序段可能要多次使用，为了在源程序中不重复书写这一程序段，可以用一条宏指令来代替，在汇编时由汇编程序进行宏扩展而产生所需要的代码。

表 7-1 显示字符串汇编语言程序

DATA	SEGMENT	; 数据段
	STRING DB ' Hello Assemble Language! $ '	
DATA	ENDS	; 数据段结束
STACK	SEGMENT STACK	; 堆栈段
	STA DB 100 DUP(?)	
	TOP EQE LENGTH STA	
STACK	ENDS	; 堆栈段结束
CODE	SEGMENT	; 代码段
	ASSUME CS: CODE, DS: DATA, SS: STACK	
START:	MOV AX, DATA	
	MOV DS, AX	
	MOV AX, STACK	
	MOV SS, AX	
	MOV AX, TOP	
	MOV SP, AX	
	MOV DX, OFFSET STRING	
	MOV AH, 9	
	INT 21H	
	MOV AH, 4CH	
	INT 21H	
CODE	ENDS	; 代码段结束
	END START	; 程序结束

7.1.2 基本概念

(1)标识符

标识符也叫"名字"，是程序员为了使程序便于书写和阅读所使用的一些字符标识。例如表 7-1 所示程序代码中的数据段名"DATA"、代码段名"CODE"、程序入口名"START"等。标识符可以由字母、数字、专用字符等符号构成，但标识符不能以数字开始。标识符长度不限，但是目前的宏汇编程序一般仅识别前31个字符。

（2）保留字

保留字也称"关键字"，是汇编语言中预先保留下来的具有特殊含义的符号，只能作为固定的用途，不能任意定义。例如表7-1程序代码中的"SEGMENT""MOV""INT""END"等。所有的寄存器名、指令操作助记符、伪指令操作助记符、运算符和属性描述符等都是保留字。

（3）数的表示

在没有8087、80287、80387等数学协处理器的系统中，所有的常数必须是整数。整数在默认情况下是十进制，但可以使用伪指令"RADIX n"来改变默认基数，其中"n"是要改变成的基数。如果要用非默认基数的进位制来表示一个整数，则必须在数值后加上基数后缀。字母B、D、H、O或Q分别是二进制、十进制、十六进制、八进制的基数后缀。如0011101000000111B、21H分别表示二进制数、十六进制数。如果一个十六进制数以字母开头，则必须在前面加数字0。如十六进制数EF应表示为0EFH。

可以用单引号括起一个或多个字符来组成一个字符串常数，如表7-1程序代码中的'Hello Assemble Language! $'。字符串常数以字符的ASCII码格式存储在内存中，如'Hello'在内存中的对应内容是48H、65H、6CH、6CH、6FH。

在有数学协处理器的系统中，可以使用实数。实数的类型有多种，但其一般的表示形式为：±整数部分.小数部分E±指数部分。如实数5.213×10^{-6}可表示为"5.213E-6"。

（4）表达式和运算符

表达式由运算符和操作数组成，可分为数值表达式和地址表达式两种类型。操作数可以是常数、变量名或标号等，在内容上可以代表一个数据，也可以代表一个存储单元的地址。变量名和标号都是标识符，如表7-1程序代码中的变量名"STRING"和标号"START"等。

数值表达式能被计算并产生一个数值结果。而地址表达式的结果是一个存储器的地址，如果这个地址的存储区中存放的是数据，则称它为变量，如果存放的是指令，则称它为标号。

汇编语言程序中的运算符种类很多，可分为算术运算符、逻辑运算符、关系运算符、分析运算符、综合运算符、分离运算符、专用运算符和其他运算符等，如表7-2所示。

表7-2 汇编语言表达式中的运算符

类型	符号	功能	实例	运算结果
算术运算符	+	加法	2+7	9
	−	减法	9-7	2
	*	乘法	2 * 7	14
	/	除法	14/7	2
	MOD	取模	16/7	2
	SHL	按位左移	0010B SHL 2	1000B
	SHR	按位右移	1100B SHR 1	0110B

续表7-2

类型	符号	功能	实例	运算结果
逻辑运算符	NOT	逻辑非	NOT 0110B	1001B
	AND	逻辑与	0101B AND 1100B	0100B
	OR	逻辑或	0101B OR 1100B	1101B
	XOR	逻辑异或	0101B XOR 1100B	1001B
关系运算符	EQ	相等	2 EQ 11B	全0
	NE	不等	2 NE 11B	全1
	LT	小于	2 LT 10B	全0
	LE	小于等于	2 LE 10B	全1
	GT	大于	2 GT 10B	全0
	GE	大于等于	2 GE 10B	全1
分析运算符	SEG	返回段基值	SEG DA1	
	OFFSET	返回偏移地址	OFFSET DA1	
	LENGTH	返回变量单元数	LENGTH DA1	
	TYPE	返回变量的类型	TYPE DA1	
	SIZE	返回变量的总字节数	SIZE DA1	
综合运算符	PTR	指定类型属性	BYTE PTR [DI]	
	THIS	指定类型属性	ALPHA EQU THIS BYTE	
分离运算符	HIGH	分离高字节	HIGH 2277H	22H
	LOW	分离低字节	LOW 2277H	77H
专用运算符	.	连接结构与字段	FRM. YER	
	< >	字段赋值	<, 2, 7>	
	MASK	取屏蔽	MASK YER	
	WIDTH	返回记录/字段所占位数	WIDTH YER	
其他运算符	SHORT	短转移说明	JMP SHORT LABEL2	
	( )	改变运算优先级	(7-2)*2	10
	[ ]	下标或间接寻址	ARY [4]	
	:	段超越前缀	CS:[BP]	

　　算术运算符的运算对象和运算结果都必须是整数。其中求模运算 MOD 是求两个数相除后的余数。移位运算 SHL 和 SHR 可对数进行按位左移或右移，相当于对此数进行乘法或除法运算，因此归入算术运算符一类。8086 指令系统中也有助记符为 SHL 和 SHR 的指令，但与表达式中的移位运算符是有区别的。表达式中的移位运算符是伪指令运算符，它是在汇编

过程中由汇编器进行计算的。而机器指令中的移位助记符是在程序运行时由 CPU 执行的操作。

逻辑运算符对操作数按位进行逻辑运算。指令系统中也有助记符为 NOT、AND、OR、XOR 的指令，两者的区别在于逻辑运算符是在汇编过程中由汇编器进行计算的，而助记符是在程序运行时由 CPU 执行的操作。

关系运算符对两个操作数进行比较，若条件满足，则运算结果为全"1"。若条件不满足，则运算结果为全"0"。

分析运算符可以"分析"出运算对象的某个参数，并使结果以数值的形式返回，所以又叫数值返回运算符。SEG 运算符加在某个变量或标号之前，返回该变量或标号所在段的段基值。OFFSET 运算符加在某个变量或标号之前，返回该变量或标号的段内偏移地址。LENGTH 运算符加在某个变量之前，返回值是一个变量所包含的单元(可以是字节、字、双字等)数，对于变量中使用 DUP 的情况，将返回以 DUP 形式表示的第一组变量被重复设置的次数，而对于其他情况则返回 1。TYPE 运算符加在某个变量或标号之前，返回变量或标号的类型属性，返回值与类型属性的对应关系如表 7-3 所示。SIZE 运算符加在某个变量之前，返回值是变量所占的总字节数，等于 LENGTH 和 TYPE 两个运算符返回值的乘积。

表 7-3 TYPE 运算符的返回值

变量类型	返回值	标号类型	返回值
字节(BYTE)	1	近(NEAR)	-1(FFH)
字(WORD)	2	远(FAR)	-2(FEH)
双字(DWORD)	4		
四字(QWORD)	8		
十字节(TBYTE)	10		

综合运算符可用于指定变量或标号的属性，因此也叫属性运算符。其主要有 PTR 和 THIS 两个综合运算符。PTR 运算符用来指定内存单元的类型属性，其功能是将 PTR 左边的类型属性赋给其右边的符号名。如指令"MOV BYTE PTR [1000H]，0"使 1000H 这一个字节单元清 0，而指令"MOV WORD PTR [1000H]，0"则使 1000H 和 1001H 两个字节单元清 0。

THIS 运算符常与 EQU 联用来改变存储区的类型属性。其功能是将 THIS 右边的类型属性赋给 EQU 左边的符号名，并且使该符号名的段基值和偏移量与下一个存储单元的地址相同。THIS 运算符并不为它所在语句中的符号名分配存储空间，其功能是为下一个存储单元另起一个名字并定义一种类型，从而可以使同一地址单元具有不同类型的名字，便于引用。如：

A EQU THIS BYTE B DW 1234H

此时，A 的段基值和偏移量与 B 完全相同。相当于给变量 B 起了个别名叫 A，但 A 是字节型，而 B 是字型。当用名字 A 来访问存储器数据时，实际上访问的是 B 开始的数据区，但访问的类型是字节。换句话说，对于 B 开始的数据区，既可用名字 A 以字节类型来访问，也可用名字 B 以字的类型来访问。当 THIS 语句中的符号名代表一个标号时，则能够赋予该标号的类型为 NEAR 或 FAR，从而使指令有一个 NEAR 或 FAR 属性的地址允许 JMP 指令跳转到这里。需要指出的是 PTR 运算符只在使用它的语句中有效，THIS 运算符则影响从使用处往后的所有程序段。

分离运算符"HIGH"用来从运算对象中分离出高字节，LOW 运算符用来从运算对象中分离出低字节。

短转移说明运算符"SHORT"用来说明一个转移指令的目标地址与本指令的字节距离为-128～+127。如：JMP SHORT LABEL2。

圆括号运算符"()"用来改变运算符的优先级别，"()"中的运算符具有最高的优先级，与算术运算中的"()"的作用相同。

方括号运算符"[]"常用来表示间接寻址。如：MOV AX，[BX]。

段超越前级运算符":"表示后跟的操作数由指定的段寄存器提供段基值。

如果在一个表达式中出现多个运算符，将根据它们的优先级别由高到低的顺序进行运算（优先级别详见表 7-4），优先级别相同的运算符则按从左到右的顺序进行运算。

表 7-4　运算符的优先级别

优先级		运算符
	0	圆括号()，方括号[]，尖括号<>，点运算符·，LENGTH, WIDTH, SIZE, MASK
高级	1	PTR, OFFSET, SEG, TYPE, THIS, :
	2	HIGH, LOW
	3	*, /, MOD, SHL, SHR
	4	+, -
	5	EQ, NE, LT, LE, GT, GE
低级	6	NOT
	7	AND
	8	OR, XOR
	9	SHORT

（5）语句

语句是构成汇编语言程序的基本单位。汇编语言程序中的每个语句由四项组成，一般格式为：

[名字项] 操作项 [操作数项] [；注释]

其中除"操作项"外，其他部分都是可选的。"名字项"是一个标识符，它可以是一条指令的标号或一个操作数的符号地址等。"操作项"是某种操作的助记符，如数据传送指令的助记符 MOV 等。"操作数项"由一个或多个操作数组成，它给所执行的操作提供原始数据或相关信息。"注释"由分号"；"开始，其后可为任意的文本，常常是对本语句行的注释说明，增加程序的可读性。若一行的第一个字符为分号，则整行被视为注释。也可用"COMMENT"伪操作定义多行注释。注释会被汇编程序忽略，对读、写和调试源程序有很大帮助。

汇编语言程序中语句之间及一条语句的各项之间都必须用分隔符分隔。其中";"是注释开始的分隔符,":"是标号与汇编指令之间的分隔符,","用来分隔多个操作数,"空格"(Space 键)和"制表符"(Tab 键)则可让程序更加清晰,在任意两部分之间插入若干个空格或制表符即可。

7.2 汇编语言语句

7.2.1 指令语句

指令语句是要求 CPU 执行某种具体操作的命令,可由汇编程序翻译成机器代码。指令语句的一般格式为:

[标号:] 操作助记符 [操作数] [;注释]

"标号"是一个标识符,是给指令所在地址取的名字。标号后必须跟冒号":"。标号具有 3 种属性:段基值、偏移量及类型(NEAR 或 FAR)。

"操作助记符"表示本指令的操作类型。它是指令语句中唯一不可缺少的部分。必要时可在指令助记符的前面加上一个或多个前缀,从而实现某些附加操作。

"操作数"是参加指令运算的数据,可分为立即数、寄存器操作数、存储器操作数 3 种。有的指令不需要显式的操作数,如指令"XLAT",有的指令则需要不止一个显式操作数,这时需用逗号","分隔两个操作数,如指令"MOV AX, BX"。

操作数还经常涉及几个概念,如"常数""常量""变量""标号"及"偏移地址计数器 $ "。

"常数"是指编程时已经确定其值,程序运行期间不会改变其值的数据对象。80x86 CPU 允许定义的常数类型有整数、字符串及实数(有协处理器)。"常量"是用符号表示的常数。它是程序员给出的一个助记符,作为一个确定值的标识,其值在程序执行过程中保持不变。常量可用伪指令语句"EQU"或"="来定义,如"A EQU 7"或"A = 7"都可将常量 A 的值定义为常数 7。

"变量"是在编程时确定其初始值,程序运行期间可修改其值的数据对象。实际上,变量代表的就是存储单元。与存储单元有地址和内容两重特性相对应,变量也有变量名和值两个特性,其中变量名与存储单元的地址相关,变量的值则对应于存储单元的内容。变量可由伪指令语句 DB、DW、DD 等来定义,通常定义在数据段和附加段。所谓定义变量,其实就是为数据分配存储单元,且对这个存储单元取一个名字,即变量名。变量名实际上是存储单元的符号地址。存储单元的初值由程序员来预置。

变量的属性包括段基值、偏移地址、类型和标号。段基值指变量所在段的段基值。偏移地址指变量所在的存储单元的段内偏移地址。类型指变量所占存储单元的字节数。如用 DB 定义的变量类型属性为 BYTE(字节),用 DW 定义的变量类型属性为 WORD(字),用 DD 定义的变量类型属性为 DWORD(双字)等。标号就是指令地址的名字,也称指令的符号地址。标号定义在指令的前面(通常是左边),用冒号作为分隔符。标号只能定义在代码段中,它代表其后第一条指令的第一个字节的存储单元地址,用于说明指令在存储器中的存储位置,可作为转移类指令的直接操作数(转移地址)。如下列指令序列中的"LABEL"就是标号,它是跳转指令"JNZ"的直接操作数(转移地址)。

              MOV CX, 10H
      LABEL: DEC CX
              JNZ LABEL

标号的属性又包括段基值、偏移地址和类型。段基值即标号后面第一条指令所在代码段的段基值。偏移地址即标号后面第一条指令首字节的段内偏移地址。类型也称距离属性,即标号与引用该标号的指令之间允许距离的远、近。近标号的类型属性为 NEAR(近),这样的标号只能被本段的指令引用。远标号的类型属性为 FAR(远),这样的标号可被任何段的指令引用。

"偏移地址计数器 $"是汇编程序在对源程序进行汇编的过程中,用来保存当前正在汇编的指令的偏移地址或伪指令语句中变量的偏移地址。用户可将 $ 用于自己编写的源程序中。在每个段开始汇编时,汇编程序都将 $ 清为 0。以后,每处理一条指令或一个变量, $ 就增加一个值,此值为该指令或该变量所占的字节数。因此 $ 的内容实质上就是当前指令或变量的偏移地址。

在伪指令中, $ 代表其所在地的偏移地址。在机器指令中, $ 无论出现在指令的任何位置,都代表本条指令第一字节的偏移地址。如"JZ $ +5"的转向地址是该指令的首地址加上 5,当然 $ +5 必须是另一条指令的首地址。

如在下述指令序列中:

              DEC CX
              JZ $ +5
              MOV AX, 2
      LAB: …

因为 $ 代表 JZ 指令的首字节地址,而 JZ 指令占 2 字节,相继的 MOV 指令占 3 字节,所以,在发生转移时,JZ 指令会将程序转向 LAB 标号处的指令,此时该标号可省略。

7.2.2 伪指令语句

伪指令语句又称作指示性(directive)语句,它没有对应的机器指令,在汇编过程中不形成机器代码,这是伪指令语句与指令语句的本质区别。伪指令语句不要求 CPU 执行,而是让汇编程序在汇编过程中完成特定的功能,它在很大程度上决定了汇编语言的性质及其功能。伪指令语句的一般格式为:

              [名字]伪指令指示符 [操作数] [;注释]

伪指令语句与指令语句很相似,不同之处在于伪指令语句开始是一个可选的名字字段,它也是一个标识符,相当于指令语句的标号。但是名字后面不允许带冒号":",而指令语句的标号后面必须带冒号。伪指令语句包括符号定义语句、数据定义语句、段定义语句、过程定义语句等。

(1)符号定义语句

汇编语言中所有的变量名、标号名、过程名、记录名、指令助记符、寄存器名等统称为"符号",这些符号可由符号定义语句来定义,也可以定义为其他名字及新的类型属性。符号定义语句有三种,即"EQU"语句、"="语句和"PURGE"语句。

"EQU"语句给符号定义一个值，或定义为别的符号，甚至可定义为一条可执行的指令、表达式的值等。"EQU"语句的格式为"符号名 EQU 表达式"，如：

PORT1 EQU 78H

PORT2 EQU PORT1+2

COUN EQU CX

ABCD EQU DAA

在上述语句中，COUN 和 ABCD 分别被定义为寄存器 CX 和指令助记符 DAA。经 EQU 语句定义的符号不允许在同一个程序模块中重新定义。另外，EQU 语句只作为符号定义用，它不产生任何目标代码，也不占用存储单元。

"="语句与"EQU"语句功能类似，但此语句允许对已定义的符号重新定义，因而更灵活方便。其语句格式为："符号名 = 表达式"。

"PURGE"语句的格式为："PURGE 符号名 1〔，符号名 2〔，…〕〕。"

"PURGE"语句用来取消被"EQU"语句定义的符号名，然后可用"EQU"语句再对该符号名重新进行定义。如：

A EQU 7

PURGE A　　　；取消 A 的定义

A EQU 8　　　；重新定义 A

（2）数据定义语句

数据定义语句为一个数据项分配存储单元，用一个符号与该存储单元相联系，并可以为该数据项提供一个任选的初始值。数据定义语句 DB、DW、DD、DQ、DT 可分别用来定义字节、字、双字、四字、十字节变量，并可用复制操作符 DUP 来复制数据项。如：

DAT1 DB 12H

DAT2 DD 12345678H

DAT3 DW ?，12H

DAT4 DB 4 DUP（0）

其中"?"表示相应存储单元没有定义初始值，数据变量在存储器中的存储情况如图 7-1 所示。

数据项也可以写成字符串形式，但只能用 DB 和 DW 来定义，且 DW 语句定义的串只允许包含两个字符。

（3）段定义语句

段定义语句指示汇编程序按段组织程序和使用存储器，主要有 SEGMENT、ENDS、ASSUME、ORG 等。

①段开始语句 SEGMENT 和段结束语句 ENDS。

一个逻辑段的定义格式如下：

段名　　SEGMENT〔定位类型〕〔组合类型〕'类别'

　　　…

段名　　ENDS

整个逻辑段以 SEGMENT 语句开始，以 ENDS 语句结束。其中"段名"是程序员指定的，SEGMENT 左边的段名与 ENDS 左边的段名必须相同。"定位类型""组合类型"和"类别"是

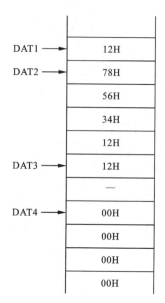

DAT1 →	12H
DAT2 →	78H
	56H
	34H
	12H
DAT3 →	12H
	—
DAT4 →	00H
	00H
	00H
	00H

图 7-1　数据变量的存储

赋给段名的属性，可以省略；若不省略，则各项顺序不能颠倒。

"定位类型"表示此段的起始地址边界要求，有 PAGE、PARA、WORD 和 BYTE 4 种，默认值为 PARA。PAGE 要求地址的低 8 位为 0(页边界)，PARA 要求地址的低 4 位为 0(小节边界)，WORD 要求地址的最低位为 0(字边界)，而 BYTE 可以为任意地址(字节边界)。

"组合类型"告诉连接程序本段与其他段的关系，有 NONE、PUBLIC、COMMON、STACK、MEMORY 和 AT 表达式 6 种。

NONE 表示本段与其他段逻辑上无关，每段都有自己的段基地址，这是默认的组合类型。PUBLIC 告诉连接程序首先把本段与用 PUBLIC 说明的同名同类别的其他段连接成一个段，所有这些段用一个相同的段基地址。COMMON 表示本段与同名同类别的其他段共用同一段基地址，即同名同类段相重叠，段的长度是其中最长段的长度。STACK 表示本段是堆栈段，连接方式同 PUBLIC。被连接程序中必须至少有一个堆栈段，有多个堆栈段时采用覆盖方式进行组合，连接后的段基地址在 SS 寄存器中。MEMORY 表示该段在连接时被放在所有段的最后(最高地址)。若有几个 MEMORY 组合类型的段，汇编程序认为所遇到的第一个为 MEMORY 型，其余为 COMMON 型。"AT 表达式"告诉连接程序把本段放在表达式的值所指定的段基地址处。如"AT 1234H"表示该段的段基地址为 12340H。

"类别"是用单引号括起来的字符串，可以是长度不超过 40 个字符的串。连接程序只使相同类别的段发生关联。典型的类别如'STACK'、'CODE'、'DATA'。

②段分配语句 ASSUME。

段分配语句 ASSUME 用来告诉汇编程序当前哪 4 个段分别被定义为代码段、数据段、堆栈段和附加段，以便使用变量或标号的指令生成正确的目标代码。其格式为：

ASSUME 段寄存器：段名[，段寄存器：段名，…]

需要说明的是，ASSUME 语句只是告诉汇编程序有关段寄存器将被设定为哪个段的段基值，而段基值的真正设定必须通过给段寄存器赋值的指令语句来完成。例如：

```
CODE    SEGMENT
        ASSUME CS: CODE, DS: DATA, SS: STACK
START: MOV AX, DATA
        MOV DS, AX
        MOV AX, STACK
        MOV SS, AX
        …
```

段寄存器 CS 的值是由系统设置的，因此程序中不必进行赋值。

③定位语句 ORG。

定位语句 ORG 的格式为：

$$ORG\ 表达式$$

ORG 用来指出其后的程序块或数据块以 ORG 表达式之值作为存放的起始地址（偏移地址）。若没有 ORG 语句，则从本段的起始地址开始存放。

（4）过程定义语句

过程是程序的一部分，可被主程序调用。每次可调用一个过程，当过程中的指令执行完后，返回调用过程指令处。利用过程定义语句可以把程序分成若干独立的程序模块，便于理解、调试和修改。过程调用对模块化程序设计来说非常方便。8086 系统中过程调用和返回指令是"CALL"和"RET"，可分为段内和段间操作两种情况。段间操作使过程返回地址的段基值和偏移地址都进栈（通过执行 CALL 指令实现）或出栈（通过执行 RET 指令实现），而段内操作则只使偏移地址进栈或出栈。过程定义语句的格式为：

```
过程名   PROC［NEAR/FAR］
            …
过程名   ENDP
```

其中"过程名"是一个标识符，是给被定义过程取的名字。过程名像标号一样有 3 重属性，分别为段基值、偏移地址和距离属性（NEAR 或 FAR）。NEAR 过程只允许段内调用，FAR 过程则允许段间调用。默认为 NEAR 过程。

过程内部至少要设置一条返回指令 RET，作为过程的出口。允许一个过程中有多条 RET 指令，而且可以出现在过程的任何位置。

（5）其他伪指令语句

除了前面已介绍的伪指令语句外，汇编语言程序中还有一些其他伪指令语句，包括模块开始伪指令语句 NAME、模块结束伪指令语句 END、对准伪指令语句 EVEN、默认基数伪指令语句 RADIX、别名伪指令语句 LABEL、注释伪指令语句 COMMENT、指定列表文件标题伪指令语句 TITLE、指定列表文件行列数伪指令语句 PAGE 和模块连接伪指令语句。

①模块开始伪指令语句 NAME 指明程序模块的开始，并指出模块名，其格式为：

$$NAME\ 模块名$$

该语句在一个程序中不是必需的，可以不写。

②模块结束伪指令语句 END 标志整个源程序的结束，即汇编程序汇编到该语句时结束。其格式为：

END［标号］

其中"标号"是程序中第一个指令性语句（或第一条指令）的符号地址。注意，当程序由多个模块组成时，只需在主程序模块的结束语句（END 语句）中写出该标号，其他子程序模块的结束语句中则可以省略。

③对准伪指令语句 EVEN 要求汇编程序将下一语句所指向的地址调整为偶地址，使用时直接用伪指令名 EVEN 就可以了。如：

EVEN

ARY DW 100 DUP(？)

将把字数组 ARY 调整到偶地址开始处。由于 80x86 系统在存储器结构上所采用的设计技术，使得对于 8086 这样的 16 位 CPU，如果从偶地址开始访问一个字，可以在一个总线周期内完成。但如果从奇地址开始访问一个字，则由于对两个字节必须分别访问，所以要用两个总线周期才能完成。同样，对于 80386 以上的 32 位 CPU，如果从双字边界（地址为 4 的倍数）开始访问一个双字数据，则可以在一个总线周期内完成，否则需用多个总线周期。因此，在安排存储器数据时，为了提高程序的运行速度，最好将字型数据从字边界（偶地址）开始存放，双字数据从双字边界开始存放。对准伪指令 EVEN 就是专门为实现这样的功能而设置的。

④默认基数伪指令语句 RADIX 的作用是改变默认基数，其格式为：

RADIXn

其中 n 是要改变成的默认基数。

⑤别名伪指令语句 LABEL 可用来给已定义的变量或标号取一个别名，并重新定义其属性，以便于引用。其格式为：

变量名/标号名 LABEL 类型

变量名的类型可为 BYTE、WORD、DWORD、QWORD、TBYTE 等。标号名的类型可为 NEAR 和 FAR。例如：

VARB LABEL BYTE　　；给变量 VARW 取一个新名字 VARB，并赋予属性 BYTE

VARW DW 2122H, 2324H

PTRF LABEL FAR　　；给标号 PTRN 取一个新名字 PTRF，并赋予属性 FAR

PTRN：MOV AX,［DI］

LABEL 伪指令的功能与前述 THIS 伪指令类似，两者均不为所在语句的符号分配内存单元，区别是使用 LABEL 可以直接定义，而使用 THIS 伪指令则需要与 EQU 或"="连用。

⑥注释伪指令语句 COMMENT 用于书写大块注释，其格式为：

COMMENT 定界符 注释 定界符

其中"定界符"是自定义的任何非空字符。

⑦指定列表文件标题伪指令语句 TITLE 为程序指定一个不超过 60 个字符的标题，以后的列表文件会在每页的第一行打印这个标题。SUBTTL 伪指令语句为程序指定一个小标题，打印在每一页的标题之后。

⑧指定列表文件行列数伪指令语句 PAGE 指定列表文件每页的行数（10～255）和列数（60～132），默认值是每页 66 行 80 列。

⑨模块连接伪指令语句主要解决多模块的连接问题。一个大的程序往往要分模块来完成

编码、调试的工作，然后再整体连接和调试。其格式如下：

　　PUBLIC 符号名[，符号名，…]

　　EXTERN 符号名：类型[，符号名：类型，…]

　　INCLUDE 模块名

　　组名 GROUOP 段名[，段名，…]

其中"符号名"可以是变量名、标号、过程名、常量名等。以变量名为例，一个程序模块中用 PUBLIC 伪指令定义的变量可由其他模块引用，否则不能被其他模块引用。在一个模块中引用其他模块中定义的变量时必须在本模块用 EXTERN 伪指令进行说明，而且所引用的变量必须是在其他模块中用 PUBLIC 伪指令定义的。即如果要在"使用模块"中访问其他模块中定义的变量，除要求该变量在其"定义模块"中定义为 PUBLIC 类型外，还需在"使用模块"中用 EXTERN 伪指令说明该变量，以通知汇编器该变量是在其他模块中定义的。

　　如一个应用程序包括 A、B、C 三个程序模块，而 VAR 是定义在模块 A 数据段中的一个变量，其定义格式如下：

PUBLIC VAR

　　由于 VAR 被定义为 PUBLIC，所以在模块 B 或 C 中也可以访问这个变量，但必须在模块 B 或 C 中用 EXTERN 伪指令说明这个变量，格式如下：

EXTERN VAR：Type

　　但汇编器并不能检查变量类型 Type 和原定义是否相同，这需要编程者自己维护。

　　INCLUDE 伪指令告诉汇编程序把另外的模块插入本模块该伪指令处一起汇编，被插入的模块可以是不完整的。

　　GROUP 伪指令告诉汇编程序把其后指定的所有段组合在一个 64 KB 的段中，并赋予一个名字——组名。组名与段名不可相同。

7.2.3　宏指令语句

　　在汇编语言源程序中，有的程序段可能要多次使用，为了在源程序中不重复书写这一程序段，可以用一条宏指令来代替，在汇编时由汇编程序进行宏扩展而产生所需要的代码。

　　(1)宏定义语句

　　宏指令的使用过程包括宏定义、宏调用和宏扩展的 3 个过程。宏定义由伪指令 MACRO 和 ENDM 来完成，其语句格式为：

　　宏指令名 MACRO [形式参数 1，形式参数 2，…]

　　…；宏体

　　ENDM

其中"宏指令名"是一个标识符，是程序员给该宏指令取的名字。MACRO 是宏定义的开始符，ENDM 是宏定义的结束符，两者必须成对出现。注意，ENDM 左边不需加宏指令名。MACRO 和 ENDM 之间的指令序列称为宏定义体(简称宏体)，即要用宏指令来代替的程序段。

　　宏指令具有接受参数的能力，宏体中使用的形式参数必须在 MACRO 语句中出现。形式参数可以没有，也可以有多个。当有两个以上形式参数时，需用逗号隔开。在宏指令被调用时，这些参数将被一些名字或数值所替代，这里的名字或数值称为实参数。实际上形式参数只是指出了在何处及如何使用实参数的方法。形式参数的使用使宏指令在参数传递上更加灵活。如移位宏指令 SHIFT 可定义如下：

```
SHIFT MACRO X
MOV CL, X
SAL AL, CL
ENDM
```

其中"SHIFT"为宏指令名，X 为形式参数。

经过宏定义后，在源程序中的任何位置都可以直接使用宏指令名来实现宏指令的引用，称为宏调用。它要求汇编程序把宏定义体(程序段)的目标代码复制到调用点。如果宏定义是带参数的，就用宏调用时的实参数替代形式参数，其位置一一对应。宏调用的格式为：

宏指令名 [实参数 1，实参数 2，…]

其中"实参数"将一一对应地替代宏定义体中的形式参数。同样，当有两个以上参数时，需用逗号隔开。实际上，并不要求形式参数个数与实参数个数一样，若实参数个数多于形式参数，多余的将被忽略；若实参数个数比形式参数少，则多余的形式参数变为空(NULL)。如调用前面定义的宏指令 SHIFT 时，可写为：

SHIFT 6   ;用参数 6 替代宏体中的参数 X，从而实现宏调用

在汇编宏指令时，宏汇编程序将宏体中的指令插入源程序宏指令所在的位置，并用实参数代替形式参数，同时在插入的每一条指令前加一个"+"，这个过程称为宏扩展。

如上例的宏扩展为：

```
+ MOV CL, 6
+ SAL AL, CL
```

形式参数不仅可以出现在指令的操作数部分，而且可以出现在指令操作助记符的某一部分，但这时需在相应形式参数前加宏操作符 &，宏扩展时将把 & 前后两个符号合并成一个符号。如对于下面的宏定义：

```
SHIFT MACRO X, Y, Z
MOV CL, X
S&Z Y, CL
ENDM
```

则下面两个宏调用

```
SHIFT 4, AL, AL
SHIFT 6, BX, AR
```

将被宏扩展为如下的指令序列：

```
+ MOV CL, 4
+ SAL AL, CL
+ MOV CL, 6
+ SAR BX, CL
```

这个例子中的宏指令 SHIFT 带上合适的参数可以对任何一个寄存器进行任意的移位操作(算术/逻辑左移，算术/逻辑右移)，而且可以移位任意指定的位数。

(2)局部符号定义语句

当含有标号或变量名的宏指令在同一个程序中被多次调用时，根据宏扩展的功能，汇编程序会把它扩展成多个同样的程序段，就会产生多个相同的符号名，这就违反了汇编程序对名字不能重复定义的规定，会出现错误。局部符号定义语句用来定义仅在宏定义体内引用的符号，这样可以防止在宏扩展时引起符号重复定义的错误。其格式为：

LOCAL 符号［，符号…］

汇编时，对 LOCAL 伪指令说明的符号每次宏扩展一次便建立一个唯一的符号，以保证汇编时生成名字的唯一性。LOCAL 语句必须是 MACRO 伪指令后的第一个语句，且与 MACRO 之间不能有注释等其他内容。

（3）注销宏定义语句

注销宏定义语句用来取消一个宏指令定义，使宏指令可以重新定义。其格式为：

PURGE 宏指令名［，宏指令名…］

总体上来看，宏指令与子程序有某些相似之处，但两者也有区别。在处理的时间上，宏指令是在汇编时进行宏扩展，而子程序是在执行时由 CPU 处理的。在目标代码的长度上，由于采用宏指令方式时的宏扩展是将宏定义体原原本本地插入宏指令调用处，所以它并不缩短目标代码的长度，而且宏调用的次数越多，目标代码长度越长，所占内存空间就越大。而采用子程序方式时，若在一个源程序中多次调用同一个子程序，则在目标程序的主程序中只有调用指令的目标代码，子程序的目标代码在整个目标程序中只有一段，所以采用子程序方式可以缩短目标代码的长度。子程序每次执行时都要进行返回地址的保护和恢复，因此延长了执行时间，而宏指令方式不会增加这样的时间开销。此外，两者在传递参数的方式上也有所不同。宏指令是通过形式参数和实参数的方式来传递参数的，而子程序是通过寄存器、堆栈或参数表的方式来进行参数的传递。可以根据使用需要在子程序方式和宏指令方式之间进行选择。

一般来说，当要代替的程序段不很长，执行速度是主要矛盾时，通常采用宏指令方式。当要代替的程序段较长，额外操作(返回地址的保存、恢复等)所增加的时间已不明显，而节省存储空间是主要矛盾时，通常采用子程序方式。

7.2.4 简化段定义

简化段伪指令根据默认值来提供段的相应属性，采用的段名和属性符合 Microsoft 高级语言的约定。简化段使编写汇编语言程序更加简单、不易出错，且更容易与高级语言相连接。表 7-5 给出了简化段伪指令的名称、格式及操作描述。

表 7-5 简化段伪指令

名称	格式	操作描述
. MODEL	. MODEL mode	指定程序的内存模式为 mode，mode 可取 Tiny、Small、Medium、Compact、Large、Huge、Flat
. CODE	. CODE ［name］	代码段
. DATA	. DATA	初始化的近数据段
. DATA?	. DATA?	未初始化的近数据段

名称	格式	操作描述
. STACK	. STACK [size]	堆栈段，大小为 size 字节，默认值为 1 KB
. FARDATA	. FARDATA [name]	初始化的远数据段
. FARDATA?	. FARDATA? [name]	未初始化的远数据段
. CONST	. CONST	常数数据段，在执行时无须修改的数据

其中的伪指令 MODEL 指定的各种存储模式有 Tiny 模式、Small 模式、Medium 模式、Compact 模式、Large 模式、Huge 模式和 Flat 模式。Tiny 模式用来建立 MS-DOS 系统的.com 文件，所有的代码、数据和堆栈都在同一个 64 KB 段内，DOS 系统支持这种模式。Small 模式建立代码和数据分别用一个 64 KB 段的.exe 文件，MS-DOS 和 Windows 系统支持这种模式。Medium 模式代码段可以有多个 64 KB 段，数据段只有一个 64 KB 段，MS-DOS 和 Windows 系统支持这种模式。Compact 模式代码段只有一个 64 KB 段，数据段可以有多个 64 KB 段，MS-DOS 和 Windows 系统支持这种模式。Large 模式代码段和数据段都可以有多个 64 KB 段，但单个数据项不能超过 64 KB，MS-DOS 和 Windows 系统支持这种模式。Huge 模式与 Large 模式类似，且数据段里可以有一个数据项超过 64 KB。Flat 模式代码段和数据段可以使用同一个 4 GB 段，Windows 32 位系统采用这种模式。

7.3 ROM BIOS 中断和 DOS 系统功能

80x86 微机系统通过 ROM BIOS 和 DOS 提供了丰富的系统服务子程序，用户可以很容易地调用这些系统服务软件，给程序设计带来很大方便。

7.3.1 ROM BIOS 中断

80x86 微型计算机的主板中装有 ROM，其中从地址 0FE00H 开始的 8 KB 为 ROM BIOS（basic input output system）。驻留在 ROM 中的 BIOS 例行程序提供了系统加电自检、引导装入及对主要 I/O 接口进行控制等功能。其中对 I/O 接口的控制，主要是指对键盘、磁盘、显示器、打印机、通信接口等的控制。此外，BIOS 还提供了最基本的系统硬件与软件间的接口。ROM BIOS 为程序员提供了很大的方便。程序员可以不必详细了解硬件的接口特性，而是通过直接调用 BIOS 中的例行程序来完成对主要 I/O 设备的控制管理。BIOS 由许多功能模块组成，每个功能模块的入口地址都在中断向量表中。通过软件中断指令"INT n"可以直接调用这些功能模块。CPU 响应中断后，把控制权交给指定的 BIOS 功能模块，由它提供相应服务。

BIOS 中断调用的入口参数和出口参数均采用寄存器传送。若一个 BIOS 子程序能完成多种功能，则用功能号来加以区分，并将相应的功能号预置于 AH 寄存器中。BIOS 中断调用的基本步骤为：首先将所要调用功能的功能号送入 AH 寄存器，再根据所调用功能的规定设置入口参数，然后执行"INT n"指令进入相应的服务子程序，最后在中断服务子程序执行完毕后可按规定取得出口参数。如：

```
MOV AH, 1          ; 设置功能号
MOV CX, 0          ; 设置入口参数
MOV DX, 0          ; 设置入口参数
INT 1AH            ; BIOS 中断调用
```

程序段利用"INT 1AH"的 1 号功能将时间计数器的当前值设置为 0。

7.3.2　DOS 系统功能

BIOS 常驻在系统板的 ROM 中，独立于任何操作系统。DOS 则以 BIOS 为基础，为用户提供了一组可以直接使用的服务程序。这组服务程序共用 21H 号中断入口，也以功能号来区分不同的功能模块。这一组服务程序就称为 DOS 系统功能调用。

DOS 系统功能调用的方法与 BIOS 中断调用类似，只是中断号固定为 21H。如：

```
MOV AH, 6          ; 设置功能号为 6
MOV DL, '$'        ; 设置入口参数
INT 21H            ; DOS 系统功能调用
```

程序段利用 6 号 DOS 系统功能调用在屏幕上输出字符" $ "。

虽然 BIOS 比 DOS 更接近硬件，但机器启动时 DOS 层功能模块是从系统硬盘装入内存的，它的功能比 BIOS 更齐全、完整，其主要功能包括文件管理、存储管理、作业管理及设备管理等。DOS 层子程序是通过 BIOS 来使用设备的，从而进一步隐藏了设备的物理特性及其接口细节，所以在调用系统功能时总是先采用 DOS 层功能模块，如果这层内容达不到要求，再进一步考虑选用 BIOS 层的子程序。

关于 DOS 功能调用和 BIOS 中断调用的详细情况可以参见附录 A 和附录 B。

7.4　汇编语言程序的上机过程

编写汇编语言源程序后，要想使它完成预定功能，还须经过建立源文件、汇编、连接等过程。如果出现错误，还要进行跟踪调试。

7.4.1　建立源文件

上机开始后，首先要使用编辑程序完成源程序的建立和修改工作。编辑程序可分为行编辑程序和全屏幕编辑程序。现在一般使用全屏幕编辑程序。DOS 5.0 以上版本提供了全屏幕编辑软件 EDIT。启动 EDIT 的常用命令格式如下：

EDIT [文件名]

其中"文件名"是可选的，若为汇编语言源文件，其扩展名必须是 .ASM。如输入命令行：
C:\>EDIT TEST. ASM (✓)，即可开始编辑源文件 TEST. ASM，若该文件不存在，则新建。用 File 选项的存盘功能可保存文件，可通过 File 的 Exit 选项退出 EDIT。如果 EDIT 是以 Windows 环境下的 MS-DOS 方式进入的，则可在 DOS 提示符后面输入 EXIT，即可退出 DOS 并返回 Windows。

7.4.2　汇编

经过编辑程序建立和修改的汇编语言源程序(扩展名为. ASM)要在计算机上运行,必须先由汇编程序(汇编器)把它转换为二进制形式的目标程序。汇编程序的主要功能是对汇编语言源程序进行语法检查并显示出错信息,对宏指令进行宏扩展,并把源程序翻译成机器语言的目标代码。经过汇编后的程序可建立扩展名为. OBJ 的目标文件、扩展名为. LST 的列表文件和扩展名为. CRF 的交叉索引文件 3 种文件。列表文件对源程序和目标程序制表以供使用,交叉索引文件给出源程序中的符号定义和引用情况。

在 DOS 提示符下,输入 MASM 并回车,屏幕会依次显示输入源程序文件名、目标文件名、列表文件名和交叉索引文件名。这些需要输入的文件名除源程序文件名必须输入外,其余都可直接按 Enter 键。目标文件是必须要产生的,列表和交叉索引在默认的情况下不产生相应的文件,若需要产生则应输入文件的名字部分,其扩展名将按默认情况自动产生。若汇编过程中出错,将列出相应的出错行号和出错提示信息以供修改。显示的最后部分给出"警告错误数"(warning errors)和"严重错误数"(severe errors)。

另外,也可以直接用命令行的形式一次顺序给出相应的 4 个文件名,具体格式如下:

C:\>MASM 源文件名,目标文件名,列表文件名,交叉索引文件名;

上面命令行中的 4 个文件名均不必给出扩展名,汇编程序将自动按默认情况处理。若不想全部提供要产生文件的文件名,则可在不想提供文件名的位置用逗号隔开。若不想继续给出剩余的文件名,则可用分号结束。

列表文件分两部分,第一部分分 4 列对照列出了源程序语句和目标程序代码。左边第一列是行号,第二列是目标程序的段内偏移地址,第三列是目标程序代码,第四列是源程序语句。只有当要求生成. CRF 文件时才会在. LST 文件中给出行号,且. LST 文件中的行号和源程序文件中的行号可能不一致。在. LST 文件中,所有的数都是十六进制数,"R"的含义是"可再定位的"或"浮动的",含有"R"的行是汇编程序不能确定的行,"R"左边的数需要由连接程序确定或者修改。第二部分给出了每个段的名称、长度、定位类型、组合类型和类别类型,随后又给出了程序员定义的其他名字的类型、值及其段归属。其中定位类型的 PARA 表示该段开始的偏移地址为 0000H;组合类型 NONE 表示各个段之间不进行组合,STACK 表示本段按堆栈段的要求进行组合;LNEAR 表示近标号,LBYTE 表示字节变量,LWORD 表示字变量,FPROC 表示远过程,等等。

7.4.3　连接

虽然经过汇编程序处理而产生的目标文件已经是二进制文件了,但它还不能直接在计算机上运行,而必须经连接程序连接后才能成为扩展名为. EXE 的可执行文件。这主要是因为汇编后产生的目标文件中还有需再定位的地址,要在连接时才能确定,连接程序还有一个更重要的功能就是可以把多个程序模块连接起来,形成一个装入模块,此时每个程序模块中可能有一些外部符号的值是汇编程序无法确定的,必须由连接程序来确定。因此连接程序需完成的主要功能包括:找到要连接的所有模块;对要连接的目标模块的段分配存储单元,即确定段地址;确定汇编阶段不能确定的偏移地址值(包括需再定位的地址及外部符号所对应的地址);构成装入模块,并将其装入内存。

使用连接程序的一般操作步骤：在 DOS 提示符下，输入连接程序名 LINK，运行后先显示版本信息，然后依次给出 4 条提示信息，分别要求输入目标文件名、可执行文件名、内存映像文件名和库文件名。目标文件(.OBJ 文件)和库文件(.LIB 文件)是连接程序的两个输入文件，而可执行文件(.EXE 文件)和内存映像文件(.MAP 文件)是连接程序的两个输出文件。

第一条提示信息应该用前面汇编程序产生的目标文件名回答(不需输入扩展名.OBJ)，也可以用加号"+"来连接多个目标文件。第二条提示信息要求输入将要产生的可执行文件名，通常可直接按 Enter 键，表示使用系统给出的默认文件名。第三条是产生内存映像文件的提示，默认情况为不产生，若需要则应输入文件名。第四条是关于库文件的提示，通常直接按 Enter 键，表示不使用库文件。

对上述提示信息作出回应后，连接程序开始连接，没有错误连接后将在当前目录下产生.EXE 和.MAP 两个文件。其中的.MAP 文件是连接程序的列表文件，它给出每个段在内存中的分配情况。若连接过程中出错，会显示错误信息，这时需修改源程序，再重新汇编、连接，直到无错。

若用户程序中没有定义堆栈或虽然定义了堆栈但不符合要求，则会在连接时给出警告信息"LINK：Warning L4021：no stack segment"。但该警告信息不影响可执行程序的生成及正常运行，可执行程序运行时会自动使用系统提供的默认堆栈。

7.4.4　运行

经连接生成.EXE 文件后，即可直接输入该文件名来运行程序(不需输入扩展名.EXE)。如果得不到正确结果或程序中未编写显示输出的语句，则可通过调试工具 DEBUG 来进行调试或跟踪检测。

7.4.5　调试

汇编语言源程序经汇编、连接成功后，不一定就能正确运行，程序中还可能存在各种逻辑错误，这时就需要用调试程序来找出这些错误并改正。

DEBUG 程序是 DOS 系统提供的一种基本的调试工具。此外还有 Code View、Turbo Debugger 等调试工具，它们的功能比 DEBUG 强，使用起来也更方便。这些工具软件一般都有较完善的联机帮助功能。

DEBUG 程序启动时输入的命令行如下：

C:\>DEBUG TEST.EXE (↙)

此时，DEBUG 将 TEST.EXE 装入内存并给出提示符"-"，等待输入各种操作命令。另外，若在 Windows 图形界面下启动 DEBUG，只需双击 DEBUG 图标，当屏幕上出现 DEBUG 提示符"-"时，紧接其后输入 N 命令及被调试程序的文件名，然后输入 L 命令，.EXE 文件装入内存后即可进行相关调试。

DEBUG 命令是在提示符"-"下由键盘输入的。每条命令以单个字母的命令符开头，其后是命令的操作参数(如果有)。命令符与操作参数之间用空格隔开，操作参数与操作参数之间也用空格隔开，所有的输入/输出数据都是十六进制形式，不用加字母"H"作后缀。下面介绍 DEBUG 命令中最常用的 R、U、T、G、D 和 Q 等命令。

(1) R 命令

用 R 命令可以显示或修改 CPU 内部各寄存器的内容及标志位的状态(表 7-6),并给出下一条要执行指令的机器码及其汇编形式,同时给出该指令首字节的逻辑地址(段基值:偏移量)。

表 7-6   标志寄存器中各标志位值的符号表示

标志位	OE	DF	IF	SF	ZF	AF	PF	CF
为 0 时的符号	NV	UP	DI	PL	NZ	NA	PO	NC
为 1 时的符号	OV	DN	EI	NG	ZR	AC	PE	CY

(2) U 命令

用 U 命令可以反汇编(unassemble)可执行代码。在反汇编输出中,最左边的部分给出了指令首址的段基值:偏移量,接着是对应指令的机器码,最后是反汇编出来的汇编形式指令。与汇编源程序不同的是,这里的数据一律用不带后缀的十六进制表示,地址直接用其值而不用符号形式表示。

(3) T(trace)命令

T 命令也称追踪命令,用它可以跟踪程序的执行过程。T 命令有两种格式,即单步追踪和多步追踪。单步追踪格式为:

T [=地址]

该命令从指定的地址处执行一条指令后停下来,显示各寄存器的内容和标志位的状态,并给出下一条指令的机器码及其汇编形式,同时给出该指令首字节的逻辑地址。若命令中没有指定地址,则执行当前 CS:IP 所指向的一条指令。

多步追踪格式为:

T [=地址] [值]

该命令与单步追踪基本相同,所不同的是它在执行了由[值]所规定的指令条数后停下来,并显示相关信息。

(4) G(go)命令

G 命令也称运行命令,格式为:

G [=地址 1] [地址 2 [地址 3…]]

其中"地址 1"规定了执行的起始地址的偏移量,段地址是 CS 的值。若不规定起始地址,则从当前 CS:IP 开始执行。后面的若干地址是断点地址。输入命令行即可从起始地址开始执行,至断点处停下来,并显示相关信息。

(5) D 命令

D 命令也称转储(dump)命令,格式为:

D 段基值:偏移地址

它从给定的地址开始依次从低地址到高地址显示内存 80 个字节单元的内容。显示时,屏幕左边部分为地址(段基值:偏移量),中间部分为用十六进制表示的相应字节单元中的内容,右边部分给出可显示的 ASCII 码字符。如果该单元的内容不是可显示的 ASCII 码字符,则用圆点"."表示。

(6)Q 命令

执行 Q 命令将退出 DEBUG 环境,返回 DOS 操作系统。

7.5 汇编语言程序设计

汇编语言程序设计遵循的基本原则与其他语言一样,好的程序设计要求不仅能正常运行,还应执行速度快、存储容量小,此外还要易读、易调试、结构良好、便于维护等。这些要求有时是互相矛盾的,必须有所取舍。要设计出一个较好的程序,通常需要经过如下几个基本步骤:

(1)分析问题

分析问题就是要弄清问题的性质、目的、已知数据及运算精度要求、运算速度要求等内容,抽象出一个实际问题的数学模型。

(2)确定算法

把问题转化为计算机求解的步骤和方法,并且尽量选择逻辑简单、速度快、精度高的算法。

(3)画流程图

流程图一般是利用一些带方向的线段、框图等把解决问题的先后次序等直观地描述出来。对于复杂问题,可以画多级流程图,即先画粗框图,再逐步求精。

(4)编写程序

按汇编语言程序的格式将算法和流程图描述出来。编程中应注意内存工作单元和寄存器的合理分配。

(5)静态检查

静态检查就是在非运行状态下检查程序。良好的静态检查可以节省很多上机调试的时间,并常常能检查出一些较隐蔽的问题。

(6)上机调试

上机调试是程序设计的最后一步,目的在于发现程序的错误并设法更正。

7.5.1 程序的基本结构

程序的基本结构形式有 3 种:顺序结构、分支结构和循环结构。

顺序结构指从程序起始地址开始顺序执行各条指令,直至程序结束,无分支、无循环、无转移。这种结构在逻辑上是很简单的,所以又叫简单结构,一般只适用于简单问题的程序设计。

实际程序中经常会要求计算机作出判断,并根据判断结果做不同的处理。这种根据不同情况分别做处理的程序结构就是分支结构。通常有两种分支结构,即 IF-THEN-ELSE 结构和 CASE 结构,如图 7-2 所示。

IF-THEN-ELSE 结构实质上是一种双分支结构,该结构先判定条件是否满足,若满足则转向一个分支进行处理,否则顺序执行(相当于另一个分支)。CASE 结构存在多种可能的条件和多个对应的分支,但每次只能满足一个条件。例如满足条件1,则进入程序段1。无论进

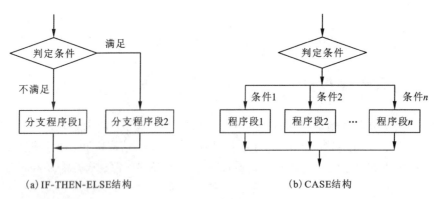

(a) IF-THEN-ELSE结构   (b) CASE结构

图 7-2　分支结构

入哪个程序段,执行完后都将从同一个出口出去。常见的菜单程序就是 CASE 结构的一种典型应用。

　　循环结构是用来实现重复执行某一程序段的结构。循环结构的程序通常包括 3 个部分,即初始化部分、循环体部分和循环控制部分。初始化部分为循环操作做准备工作,如设置地址指针、设置循环计数的初值等。循环体部分是整个循环结构的主体,包括需要重复执行的全部操作,以及地址指针、循环计数器等循环控制参数的修改,为下一次循环做好准备。循环控制部分检测循环条件是否满足,若满足,则执行循环体,否则退出循环,执行循环结构的后继语句。

　　循环结构有两种基本类型,即 WHILE-DO 结构和 REPEAT-UNTIL 结构,如图 7-3 所示。WHILE-DO 结构是"先判断,后执行",即把循环条件的判断放在循环的入口处,先判断循环条件,若满足(例如循环次数不为 0),则执行循环体,否则退出循环。REPEAT-UNTIL 结构则是"先执行,后判断",即把循环条件的判断放在循环的出口处,先执行循环体,然后判断循环条件,若满足循环条件,则继续执行循环体,否则退出循环。"先执行,后判断"的结构至少需要执行一次循环体;"先判断,后执行"的结构则依据循环条件,可能循环体一次也不被执行。这两种循环结构一般可以根据使用习惯来选取,但对于允许 0 次循环(可能循环体一次也不执行)的情况,则必须使用 WHILE-DO 结构。

　　如实现将偏移地址 1000H 开始的 100 个字节单元数据传送到偏移地址 2000H 开始的字节单元中的程序如下:

```
CODE    SEGMENT
        ASSUME CS：CODE
SRART：
        MOV SI, 1000H
        MOV DI, 2000H
        MOV CX, 100      ；初始化
LOP：   MOV AL, [SI]     ；循环体开始
        MOV DI, AL
        INC SI
```

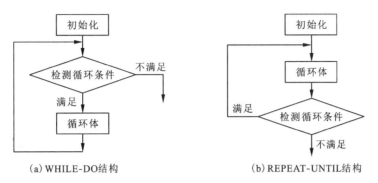

（a）WHILE-DO结构　　　　　（b）REPEAT-UNTIL结构

图 7-3　基本循环结构

```
        INC DI
        DEC CX          ; 循环体结束
        JNE LOP         ; 循环控制
        MOV AH, 4CH
        INT 21H
CODE    ENDS
        END START
```

可以看出，该程序属于循环结构，且属于"先执行，后判断"的 REPEAT-UNTIL 循环结构。

7.5.2　子程序设计

子程序又称过程（procedure），CALL 指令和 RET 指令分别实现子程序的调用和返回。调用和返回分为段内操作和段间操作，可通过 NEAR 和 FAR 属性参数来定义，两种操作在堆栈处理时有所不同。

一般来说，有两种类型的程序段适合编成子程序。一种是多次重复使用的，编成子程序可以节省存储空间。另一种是具有通用性、便于共享的，例如键盘管理程序、字符串处理程序等。对于复杂任务的程序，为了便于编码和调试，也常常把具有相对独立性的程序段编成子程序。

主程序对子程序的调用过程离不开现场保护与恢复。如果在子程序中要用到某些寄存器或存储单元，为了不破坏原有信息，要将它们的内容压入堆栈加以保护，称为保护工作现场。保护可以在主程序中实现，也可以在子程序中实现。现场恢复是指子程序完成特定功能后弹出压在堆栈中的信息，以恢复到主程序调用子程序时的现场。由于堆栈是后进先出的工作方式，要注意保护与恢复的顺序，即先保护入栈的后恢复，后保护入栈的先恢复。

子程序的调用一般还涉及参数的传递。参数的传递是指主程序与子程序之间相关信息或数据的传递，传递的参数分为入口参数和出口参数。入口参数是主程序调用子程序之前向子程序提供的信息，是主程序传递给子程序的。而出口参数是子程序执行完毕后提供给主程序使用的执行结果，是子程序返回给主程序的。

参数传递的方式一般有寄存器传递、参数表传递和堆栈传递 3 种。寄存器传递适用于参数较少的情况。主程序将子程序执行时所需要的参数放在指定的寄存器中，子程序的执行结果也放在规定的寄存器中。参数表传递适用于参数较多的情况。它在存储器中专门规定某些单元放入口参数和出口参数，即在内存中建立一个参数表，这种方法有时也称约定单元法。堆栈传递参数法适用于参数多并且子程序有多重嵌套或有多次递归调用的情况。主程序将参数压入堆栈，子程序通过堆栈的参数地址取得参数，并在返回时使用"RET n"指令调整 SP 指针，以删除栈中用过的参数，保证堆栈的正确状态及程序的正确返回。无论用哪种方法，都要注意主程序与子程序的配合，特别要注意参数的先后次序。

在子程序中调用别的子程序称为子程序嵌套，设计嵌套子程序时要注意正确使用 CALL 和 RET 指令，并注意寄存器的保护和恢复。只要堆栈空间允许，嵌套层次不限。子程序调用其本身称为递归调用。设计递归子程序的关键是防止出现死循环，注意结束递归的出口条件。

7.5.3 Windows 环境下汇编语言程序

前面介绍了 DOS 环境下的编程接口，即在程序设计中可以利用系统中提供的 DOS 功能调用和 BIOS 中断调用来实现所需功能。DOS 功能调用和 BIOS 中断调用提供的系统服务为用户在 DOS 环境下的应用编程提供了很大的方便。

Windows 是一种支持多任务的图形界面操作系统，它为编写应用程序提供了功能更加强大的系统资源。在 Windows 环境下，一种新的编程接口替代了 DOS 的软件中断调用，这就是 Windows 提供的应用程序编程接口(application programming interface，API)。API 是一个函数的集合，通常包含一个或多个提供特定功能的动态链接库(dynamic link library，DLL)，应用程序可以使用不同的编程语言来调用这些动态链接库提供的 API 函数，以实现与操作系统、操作系统组件或其他应用程序之间的数据交换和协调工作。常见的 DLL 如 Kernel32. dll、User32. dll 和 gdi32. dll 等。其中 Kernel32. dll 中的函数主要处理内存管理和进程调度，User32. dll 中的函数主要控制用户界面，gdi32. dll 中的函数负责图形方面的操作等。

Windows API 已从早期的 Windows 3.1 使用的 Win16 API 发展为目前广泛使用的 Win32 API。实际上，Win32 API 不仅由应用程序调用，还是 Windows 操作系统的一部分，Windows 操作系统的运行也调用这些 API 函数。

(1)动态链接库

动态链接库是 Windows 程序为了减少内存消耗而采用的一种技术。在 Windows 中，由于有多个程序同时运行，所以往往需要占用较大的内存空间。所谓动态链接是指程序已在内存中运行，仅在调用某函数时才将其调入内存进行链接。动态链接库中存放着大量的通用函数，当多个程序先后调用某函数时，内存中仅有该函数在动态链接库中的唯一一份副本。这样就可以避免采用静态链接时内存中包含多份相同函数代码而导致浪费内存空间的现象。

要正确使用动态链接库，必须知道要调用的函数是否在库中，此外还要知道该函数的参数个数和参数类型，以便在编译和链接时把重定位等信息插入执行代码中。为此建立了导入库(import library)，导入库里面保存了与它相对应的动态链接库里面所有导出函数的位置信息，链接时将从中提取相关信息并放入可执行文件中。

当 Windows 加载应用程序检查到有动态链接库时，加载工具会查找该库文件，把它映射到进程的地址空间，并修正函数调用语句的地址。如果没有查到，将显示相应的出错信息后退出。

（2）指令集选择

在 Windows 汇编源程序开始处，需要通过一条如".386"形式的伪指令来告诉汇编器程序将使用哪种处理器的指令系统。除了.386 伪指令外，类似的伪指令还有.8086、.186、.286、.386P、.486/.486P、.586/.586P、.mmx 等。其中带 P 的伪指令表示要使用处理器的特权指令（也称系统控制指令）。特权指令是为处理器在保护模式下工作而设置的，并且必须在特权级 0 上运行。通常，特权级 0 是赋给操作系统中最重要的一小部分核心程序，即操作系统的内核，如存储管理、保护和访问控制等关键软件。

（3）工作模式选择

在 Windows 汇编源程序中，还需要用.model 伪指令来定义当前程序的工作模式，一般格式为：

.model 存储模式［，语言模式］［其他模式］

如：.model flat, stdcall。

一般格式中的"存储模式"位置的参数告诉汇编器当前程序使用何种存储模式。不同的存储模式对存储器的数据访问方式也不相同，最终生成不同的可执行文件。对于 Win32 程序，只使用 Flat 存储模式（"平坦"存储模式）。由于 Win32 程序都工作在处理器的保护模式下，所以在采用这种存储模式时，每个 Win32 程序都把代码段、数据段及一些共享段放在属于自己的独立的 4 GB 虚拟地址空间中。

另外，.model 伪指令还设定了程序中使用的语言模式（即子程序或函数的调用方式）。语言模式规定了程序中函数的参数压栈顺序，压栈顺序可以从左到右，也可以从右到左。语言模式还指出了最后由谁来恢复堆栈（保持栈的平衡）。使用 stdcall 语言模式进行参数传递和 Windows 函数的参数传递模式相同，即参数是从右往左压栈，最后由子程序负责恢复堆栈。

（4）函数原型定义

函数原型定义告诉汇编器和链接器该函数的属性，以便在汇编和链接时对该函数进行相关的类型检查。Win32 汇编语言通过 PROTO 伪指令定义函数原型，其格式如下：

函数名 PROTO［参数名］：数据类型，［参数名］：数据类型，…

如：ExitProcess PROTO uExitCode：DWORD。其中，ExitProcess 是 API 函数名，参数 uExitCode 是程序的退出码，其数据类型为 DWORD。由于函数的原型定义和对应模块的信息分别处于相应的头文件和库文件中，如本例分别处于 Kernel32.inc 头文件和 Kernel32.lib 库文件中，因此在汇编语言源程序中必须用 include 语句把这两个文件包括进来。

（5）Windows 程序基本框架

用 Win32 汇编语言编写 Windows 应用程序的基本结构框架如下：

```
.386                    ；定义指令集
.model flat, stdcall    ；定义存储模式和语言模式
option casemap: none    ；指明编译器对程序中关键字大小写敏感
include windows.inc     ；定义头文件
include user32.inc      ；定义头文件
includelib user32.lib   ；定义库文件
```

```
include kernel32. inc          ; 定义头文件
includelib kernel32. lib       ; 定义库文件
. data                         ; 数据段
. code                         ; 代码段
start:                         ; 程序入口
…
end start                      ; 程序结束
```

Windows 应用程序是从 end 之后的标识符所指向的第一条语句开始执行的，如上述结构框架就是从 start 开始执行。若程序要退出，则必须用 invoke 伪指令调用 ExitProcess API 函数来实现。

如编写一个简单的 Win32 汇编语言程序"Hello. asm"，从而在屏幕上显示一个消息框，消息框的标题为"欢迎进入 Win32 汇编语言世界!"，消息框中显示的正文为"Hello World!"。具体程序如下：

```
.386
.model flat, stdcall
option casemap: none
include \masm32\include\windows.inc
include \masm32\include\user32.inc
includelib \masm32\lib\user32.lib
include \masm32\include\kernel32.inc
includelib \masm32\lib\kernel32.lib
.data                          ; 数据段
MsgBoxCaption db '欢迎进入 Win32 汇编语言世界!', 0
MsgBoxText db 'Hello World!', 0
.code
start:
invoke MessageBox, NULL, offset MsgBoxText, offset MsgBoxCaption, MB_OK
invoke ExitProcess, NULL
end start
```

该程序需调用两个 API 函数，分别为 MessageBox 函数和 ExitProcess 函数，其中 MessageBox 函数用于在屏幕上产生一个消息框，ExitProcess 函数则用于结束其所在的进程。MessageBox 函数是一个 Windows API 函数，属于动态链接库 User32. dll，其功能是显示一个消息框。它的第 1 个参数是消息框父窗口的句柄（句柄代表引用该窗口的一个地址指针），这里的"NULL"表示没有父窗口。第 2 个参数"offset MsgBoxText"是一个字符串指针，指向消息框中显示的正文。第 3 个参数"offset MsgBoxCaption"也是一个字符串指针，指向消息框的窗口标题。第 4 个参数用于指定消息框中显示的按钮或提示图标的类型，这里使用 MB_OK，表示在消息框中显示一个"确定"按钮。MB_OK 为一常量，它在 Windows. inc 文件中有定义。

调用 MessageBox 函数显示消息框以后，再调用 ExitProcess 函数终止程序，函数 ExitProcess 的功能是终止当前进程。源程序经汇编、连接后产生可执行程序 Hello. exe，程序运行的结果如图 7-4 所示。

图 7-4 Hello 程序运行结果

7.5.4 汇编语言混合编程

汇编语言程序执行速度快,能直接访问所有计算机硬件,但其编程效率较低,容易出错,优点和缺点都比较明显。高级语言程序编写、调试容易,但执行效率低,占用存储空间大。为了扬长避短,通常采用汇编语言和高级语言一起进行混合编程。如对程序中的关键部分(如要求快速执行,直接访问 I/O 设备等)用汇编语言编写,而其他部分用高级语言编写,就可充分发挥各自的优点,取得较好的效果。

一种汇编语言与高级语言混合编程的方法是将高级语言的目标程序与汇编语言的目标程序直接进行连接。高级语言编译程序输出的是带 .OBJ 扩展名的目标文件,这种目标文件与汇编程序输出的目标文件没有区别。连接程序可以直接将几个目标文件(包括高级语言程序的目标文件和汇编语言程序的目标文件)连接而建立一个可执行的 .EXE 文件。汇编语言程序与高级语言程序的连接应遵守共同的原则,如存储模式、控制在两种语言的程序间转移等,特别是参数(包括输入参数和输出参数)的传送,不同的高级语言在细节上可能不同。

混合编程时应主要解决两种语言的接口问题,常见的解决方法有内嵌汇编(即在高级语言程序中直接嵌入汇编语句)、高级语言程序直接调用汇编语言子程序及在汇编语言程序中调用高级语言函数等。下面以汇编语言与 C 语言的混合编程为例,介绍几种典型的接口方法。

(1)内嵌汇编

内嵌汇编是指不脱离 C 语言环境,在 C 程序中直接嵌入汇编语句,用汇编指令去执行某一操作。基本方法是在嵌入的汇编语句前用关键字 asm 进行说明。有两种格式,一种是在每条汇编指令之前加 asm 关键字,如:

```
asm MOV AL, 2;
asm MOV DX, 0D007H;
asm OUT AL, DX;
```

另一种是用 asm{ }引用一段汇编指令,如:

```
asm
{
MOV AL, 2;
asm MOV DX, 0D007H;
asm OUT AL, DX;
}
```

嵌入的汇编语句用分号或换行符结束。如果需在该语句后面加注释，则必须用 C 语言的形式来标记注释，而不能用纯汇编语言程序的分号形式。此外，一条汇编语句不能跨两行。

（2）在 C 程序中直接调用汇编子程序

混合编程时，如果需要用汇编语言完成较多的工作，一种更有效的方法是把需要用汇编语言实现的工作设计成汇编子程序，然后由 C 程序调用。采用这种方法进行混合编程时，需要正确使用 PUBLIC 和 EXTERN 编写汇编子程序。对于 C 程序调用的汇编子程序或变量，应在汇编语言程序中用 PUBLIC 进行声明，且子程序名和变量名前应带有下划线。在 C 程序中则应将其声明为 extern，并且不要在子程序名和变量名前加下划线。

C 程序调用汇编子程序时，参数是通过堆栈传递给汇编子程序的，要注意 C 程序参数入栈的顺序是从右至左。另外，在 C 程序中执行调用汇编子程序操作时还要将返回地址压入堆栈。由于堆栈是向下扩展的，所以每做一次入栈操作，栈指针都相应减小，出栈时则相反。要特别注意栈操作过程中堆栈指针 SP 值的变化情况。

汇编子程序要使用堆栈中的参数时，应通过将 BP 寄存器作为基址寄存器，并加上相应的位移量来对栈中的数据进行存取。在汇编子程序开始处应先将 BP 寄存器原来的值压栈保存，然后把堆栈指针 SP 的值传送给 BP，如下所示：

PUSH BP

MOV BP, SP

执行上述两条指令后，就可用 BP 作为基址寄存器，并根据相应参数在栈中的位置以"MOVREG，[BP+X]"的形式获取参数。其中 X 是相应参数距 BP 所指处的位移（以字节计），REG 为某通用寄存器，通常为 AX 寄存器。

在返回 C 程序之前，还应正确恢复 BP 寄存器原先的值，然后执行 RET 指令返回 C 程序，如：

POP BP

RET

由于 C 程序能够自动进行堆栈指针 SP 值的调整，所以不需在汇编子程序的末尾通过带参数的返回指令"RET n"来调整 SP 值。

C 程序调用汇编子程序后，如果汇编子程序有返回值给 C 程序，则通过 AX 和 DX 寄存器进行传递。若返回值是 16 位二进制值，则将其放于 AX 寄存器中。若返回值为 32 位二进制值，则高 16 位放在 DX 寄存器中，低 16 位放在 AX 寄存器中。如果返回值大于 32 位，则存放于变量存储区，该存储区的指针存放于 DX 和 AX 寄存器中，其中 DX 寄存器存放指针的段基值，AX 寄存器存放偏移量。

如同一般的子程序调用一样，用 C 程序调用汇编子程序也需特别注意对 C 程序执行现场的保护和恢复。所谓现场的保护，就是对于汇编子程序中可能用到的寄存器（如 BP 寄存器），必须在使用它之前对其内容进栈保护，并在返回 C 程序之前弹出到原来的寄存器中。这通过正确使用 PUSH 和 POP 指令即可完成，同时需特别注意并仔细计算堆栈指针 SP 值的变化情况。否则将会造成错误的堆栈操作，从而产生不可预知的后果。

对于用上述方法分别编写的 C 语言程序和汇编语言子程序，要想将它们组合在一个系统中并能正确工作，必须对它们进行编译和连接，生成一个可执行文件。

可以采用工程（PROJECT）的方法进行，首先在 DOS 环境下用汇编程序（如 MASM.EXE）将汇编语言子程序汇编成相应的.OBJ 文件，然后在工程文件(如 xx. prj)中加入将要编译连接的 C 语言源程序及其调用的汇编语言子程序的目标文件名，最后对工程文件进行编译连接，生成一个.exe 可执行文件。

还可以采用命令行的方式进行编译连接，首先要对 C 源程序和汇编语言子程序分别进行编译和汇编，使其生成相应的.obj 文件，然后用 LINK 程序把这些.obj 文件连接起来，生成一个.exe 可执行文件。

(3)汇编语言程序调用 C 函数

在汇编语言程序中调用 C 函数也应注意两种编程语言间的接口及相应的编程约定。在汇编语言程序中，对所调用的 C 函数必须用 EXTRN 伪指令声明。若所调用的 C 函数为 NEAR 型，则 EXTRN 语句可以放在代码段中。若为 FAR 型，则要放在所有代码段之外。对于汇编语言程序中所调用的 C 函数，必须在该函数的名字前加下划线。

可以通过堆栈或变量来传递参数。如果通过堆栈进行参数的传递，则如前所述，要注意参数入栈的顺序。如果通过变量来传递参数，则是在 C 程序中定义变量，在汇编程序中需用"EXTRN 变量名：size"的形式进行说明，其中 size 要根据变量的类型来确定，例如 int 型为 2，long 型为 4 等。

第8章　计算机与地球物理仪器接口

　　地球物理学本质上是一门基于观测的学科，通过对各种地球物理场的观测来研究地球内部结构，物质组成、形成和演化，为探测和开发国民经济建设中急需的能源及资源提供新理论和新技术。常见的地球物理场包括重力场、地磁场、弹性波场、电场、电磁场等，对于这些物理场的观测离不开现代观测仪器。一般把观测、采集地球物理数据的仪器统称为地球物理仪器，如重力仪、磁力仪、地震仪、电法仪、电磁法仪等。

8.1　地球物理仪器基本构架

　　地球物理仪器经过长期的发展，多功能化、自动化、智能化程度越来越高，观测精度和数据量也在不断提高和增加。观测仪器的自动化和智能化都离不开计算机技术，很多仪器都计算机化了，甚至可以说现代地球物理仪器就是一台仪器化的计算机。

　　如图 8-1 所示，现代地球物理仪器一般由传感器模块、模拟信号处理模块、模数（AD）转换模块和计算机模块几个主要功能模块构成。其中传感器负责把非电的物理量转换成电信号，如检波器可以把震动信号转换成电信号。模拟信号模块主要对传感器输出的电信号进行放大、滤波等操作。模数转换模块则把模拟信号转换为数字信号，以便后续处理与存储。计算机模块是仪器控制与处理的核心，负责对各功能模块进行控制，同时还可以提供采集数据的处理与存储、输入、输出、交互等功能。

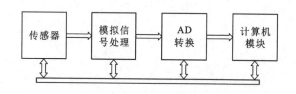

图 8-1　现代地球物理仪器框图

　　一般把传感器、模拟信号处理和模数转换模块看成一个整体，称之为仪器模块。如图 8-2 所示，仪器模块与计算机模块之间的关系有 3 种：并列对等、仪器系统包含计算机模块，以及计算机系统包含仪器模块。这实际上是 3 种地球物理仪器的设计理念。如仪器模块与计算机模块相对独立设计，在硬件逻辑上互不隶属，则属于并列对等关系。如仪器模块相对比较复杂，硬件设计时以仪器功能为主体，而把计算机嵌入其中，则可以看成仪器系统包含计算机模块。如仪器功能较为单一，硬件相对简单，可以设计成一个板卡插入计算机系统，则是计算机系统包含仪器模块。

图 8-2　计算机模块与仪器模块关系示意图

无论是哪种关系，计算机模块与仪器模块之间均要通过某种接口来实现控制与数据传输。通常的接口有并行接口、串行接口、USB 总线接口、PCI 总线接口、无线接口等。

8.2　并行接口

并行通信是计算机两种基本的数据传送方式之一，另一种数据传送方式是串行通信。各位数据在多条传输线上同时进行传送，称为并行通信。在相同时钟频率下，并行传送的数据传输速率比串行传送要高。计算机与外部设备，如仪器模块进行并行通信时需要有相应的并行接口。

计算机并行接口是一个可编程的接口电路，通常包括 2 个或 2 个以上具有缓冲能力的数据寄存器、可供 CPU 访问的控制及状态寄存器、片选和内部控制逻辑电路、与外设进行数据交换的控制与联络信号线、与 CPU 用中断方式传送数据的相关中断控制电路等几个主要组成部分。典型的可编程并行接口及其与 CPU 和仪器模块的连接示意图如图 8-3 所示。

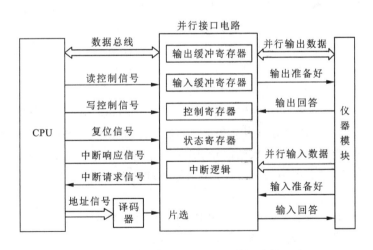

图 8-3　可编程并行接口连接示意图

由图 8-3 可以看出，可编程并行接口电路内部具有接收 CPU 控制命令的"控制寄存器"、提供各种状态信息的"状态寄存器"，以及用来同仪器模块交换数据的"输出缓冲寄存器"和"输入缓冲寄存器"。可编程并行接口与 CPU 之间的连接信号通常有双向数据总线、读、写控制信号、复位信号、中断响应信号、中断请求信号及地址信号等。

可编程并行接口与仪器模块之间除了必不可少的并行输入数据线和并行输出数据线之外，还有专门用于两者之间进行数据传输的应答信号，也称"握手信号"。"握手"是双方的动作，所以这种信号线总是成对出现的，图8-3中的"输出准备好"与"输出回答"就是一对握手信号，"输入准备好"与"输入回答"是另一对握手信号。它们在接口与外设的数据传送及交换中起着定时协调与联络作用。

通过可编程并行接口进行数据传输时，需采用"握手"的方法进行定时协调与联络。用这种方法进行数据传输的基本思想是在通信中的每一个过程都有应答，彼此进行确认。

在数据输入过程中，仪器模块将数据传送给接口，同时发出"输入准备好"信号。接口在此刻把数据接收到输入缓冲寄存器，然后使"输入回答"信号变为高电平，阻止外设输入新的数据。此时接口向 CPU 发出中断请求信号，并使状态寄存器中的"输入缓冲器满"位置"1"。CPU 响应接口的中断请求（或以查询方式查询相应状态位），执行 IN 指令读取接口中的数据，然后接口将送给外设的"输入回答"信号变为低电平，通知外设可以输入新的数据，即可开始下一个输入过程。

在数据输出过程中，当 CPU 执行 OUT 指令把数据写入接口（以中断方式或查询方式）之后，接口便向仪器模块发出"输出准备好"信号，通知仪器模块可以把数据取走。在外设取走数据之后，便向接口发回一个"输出回答"信号，表示 CPU 写入接口的数据已经被接收。此时接口向 CPU 发出新的中断请求信号，并使状态寄存器中的"输出缓冲器空"位置"1"，要求CPU 继续输出新数据，以开始下一个输出过程。

8.2.1　可编程并行接口 8255A

8255A 是一个为 Intel 微机系统设计的通用可编程并行接口芯片，也可应用于其他微机系统中。8255A 采用 40 脚双列直插封装，单一 +5 V 电源，全部输入、输出与 TTL 电平兼容。用 8255A 连接外部设备时，通常不需要再附加电路，使用较为方便。它有端口 A、端口 B 和端口 C 共 3 个输入、输出端口。每个端口都可通过编程设定为输入端口或输出端口，但有各自不同的方式和特点。端口 C 可作为一个独立的端口使用，但通常是配合端口 A 和端口 B 工作，为这两个端口的输入、输出提供控制联络信号。

8255A 的 40 条引脚大致可分为电源和地线、外设连接线、CPU 连接线 3 类，其结构框图如图 8-4 所示。其中电源和地线共 2 条，分别是 V_{cc} 和 GND。外设连接线共 24 条，包括端口 A 数据信号 $PA_7 \sim PA_0$，端口 B 数据信号 $PB_7 \sim PB_0$ 和端口 C 数据信号 $PC_7 \sim PC_0$。

CPU 连接线共 14 条，包括复位信号、双向数据线、片选信号、读信号、写信号和端口选择信号。

复位信号 RESET 在高电平时有效。当 RESET 信号有效时，所有内部寄存器都被清除。同时，3 个数据端口被自动设置为输入端口。

双向数据线 $D_7 \sim D_0$ 通常情况下与 8086 系统的低 8 位数据总线相连。

片选信号来自译码器的输出，在低电平时有效。如表 8-1 所示，片选信号有效时读信号和写信号才对 8255A 有效。

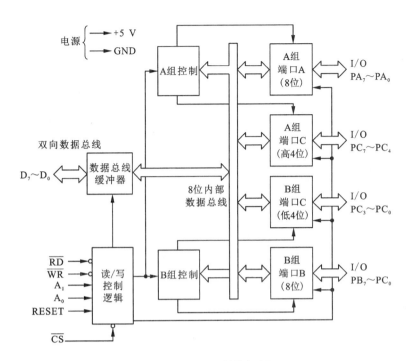

图 8-4 8255A 结构框图

表 8-1 8255A 端口选择和基本操作

A_1	A_0	$\overline{RD}$	$\overline{WR}$	$\overline{CS}$	输入操作(读)
0	0	0	1	0	端口 A→数据总线
0	1	0	1	0	端口 B→数据总线
1	0	0	1	0	端口 C→数据总线
A_1	A_0	$\overline{RD}$	$\overline{WR}$	$\overline{CS}$	输出操作(写)
0	0	1	0	0	数据总线→端口 A
0	1	1	0	0	数据总线→端口 B
1	0	1	0	0	数据总线→端口 C
1	1	1	0	0	数据总线→控制字寄存器
A_1	A_0	$\overline{RD}$	$\overline{WR}$	$\overline{CS}$	无操作情况
×	×	×	×	1	数据总线为三态(高阻)
1	1	0	1	0	非法状态
×	×	1	1	0	数据总线为三态(高阻)

读信号低电平时有效,控制从 8255A 读出数据或状态信息。
写信号低电平时有效,控制把数据或控制命令字写入 8255A。

端口选择信号 A_1 和 A_0，8255A 内部有 A、B、C 3 个数据端口和 1 个控制端口。当片选信号有效，A_1A_0 为 00、01、10、11 时，分别选中端口 A、端口 B、端口 C 和控制端口。

8.2.2 8255A 控制字

从图 8-4 可以看出，8255A 存在 A 组控制和 B 组控制。这两组控制逻辑电路一方面接收内部总线上的控制字（来自 CPU），另一方面接收来自读/写控制逻辑电路的读/写命令，由此决定两组端口的工作方式及读/写操作。A 组控制主要控制端口 A 及端口 C 的高 4 位。B 组控制主要控制端口 B 及端口 C 的低 4 位。8255A 共有 3 种基本操作方式，分别为方式 0（基本输入/输出方式）、方式 1（选通的输入/输出方式）和方式 2（双向传输方式）。A 组可以工作于方式 0、方式 1 和方式 2。B 组可以工作于方式 0 和方式 1。操作方式由"方式选择控制字"的内容决定。

8255A 的控制字分为两种：一种是"方式选择控制字"，它可以使 8255A 的 3 个端口工作于不同的操作方式。"方式选择控制字"总是将 3 个端口分为两组来设定工作方式，即端口 A 和端口 C 的高 4 位作为一组（A 组），端口 B 和端口 C 的低 4 位作为另一组（B 组）。另一种是"端口 C 按位置 1/置 0 控制字"，它可以将端口 C 中的任何一位置"1"或置"0"（但不改变端口 C 其他位的状态）。两种控制字共用一个端口地址，即当地址线 A_1、A_0 均为 1 时访问控制端口。为区分这两种控制字，专门将控制字的最高位（D_7 位）赋予特殊的含义。若 D_7 位为"1"，则该控制字为"方式选择控制字"。若 D_7 位为"0"，则该控制字为"端口 C 按位置 1/置 0 控制字"。

"方式选择控制字"各位的具体定义如图 8-5 所示，如给定方式选择控制字为 10000011B，则 8255A 的各个端口工作方式为：端口 A 方式 0 输出，端口 B 方式 0 输入，端口 C 的高 4 位方式 0 输出，端口 C 的低 4 位方式 0 输入。

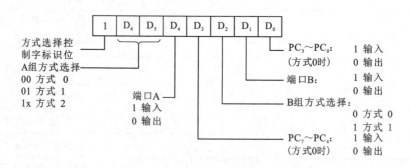

图 8-5 方式选择控制字

"端口 C 按位置 1/置 0 控制字"各位的具体定义如图 8-6 所示，用于实现对端口 C 按位置 1/置 0 操作，从而产生所需的控制功能。端口 C 按位置 1/置 0 控制字是对端口 C 的操作控制信息，因此该控制字必须写入控制口，而不应写入端口 C。控制字的 D_0 位决定是置"1"还是置"0"，但对端口 C 的哪一位进行操作，则取决于控制字中的 D_3、D_2、D_1 位。

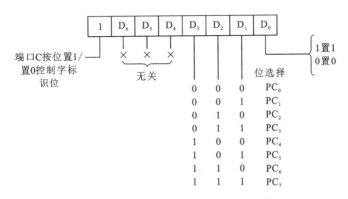

图 8-6　端口 C 按位置 1/置 0 控制字

8.2.3　8255A 工作方式

（1）方式 0

方式 0 也叫基本输入/输出方式。在这种方式下，端口 A 和端口 B 可以通过"方式选择控制字"规定为输入口或输出口。端口 C 分为高 4 位（$PC_7 \sim PC_4$）和低 4 位（$PC_3 \sim PC_0$）两个 4 位端口，这两个 4 位端口也可由"方式选择控制字"分别规定为输入口或输出口。这 4 个并行端口共可构成 2^4 种不同的使用组态。利用 8255A 的方式 0 进行数据传输时，由于没有规定专门的应答信号，所以常用于与简单外设之间的数据传送。

（2）方式 1

方式 1 也叫选通的输入/输出方式。和方式 0 相比，最主要的差别是当端口 A 和端口 B 工作于方式 1 时，要利用端口 C 来接收选通信号或提供有关的状态信号，而这些信号是由端口 C 的固定数位来接收或提供的，即信号与数位之间存在着对应关系，这种关系不可以用程序的方法予以改变。

方式 1 又可分为"方式 1 输入"和"方式 1 输出"两种工作情形。当端口 A 和端口 B 工作于"方式 1 输入"时，端口 C 控制信号定义情况如图 8-7 所示。

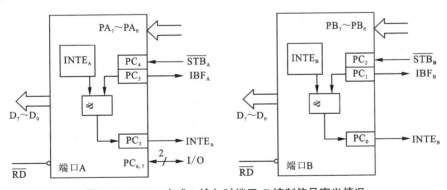

图 8-7　8255A 方式 1 输入时端口 C 控制信号定义情况

STB 为选通信号，低电平有效。它是外设送给 8255A 的输入信号，当其有效时，8255A 接收外设送来的一个 8 位数据。

IBF 为"输入缓冲器满"信号，高电平有效，它是 8255A 送给外设的一个联络信号。当其为高电平时，表示外设的数据已送进输入缓冲器中，但尚未被 CPU 取走，通知外设不能传送新数据。只有当它变为低电平，即 CPU 已读取数据，输入缓冲器变空时，才允许外设传送新数据。

INTR 为中断请求信号，高电平有效。它是 8255A 的一个输出信号，用于向 CPU 发出中断请求。$INTE_A$ 为端口 A 中断允许信号。

$INTE_A$ 没有外部引出端，它实际上是端口 A 内部的中断允许触发器的状态信号，由 PC_4 的置位/复位来控制，PC_4 为 1 时端口 A 处于中断允许状态。

$INTE_B$ 为端口 B 中断允许信号。与 $INTE_A$ 类似，$INTE_B$ 也没有外部引出端，它是端口 B 内部的中断允许触发器的状态信号，由 PC_2 的置位/复位来控制，PC_2 为 1 时端口 B 处于中断允许状态。

方式 1 输入时 PC_6 和 PC_7 两位空闲未被定义，如果要利用它们，可用方式选择控制字中的 D_3 位来设定。

以端口 A 为例，其在方式 1 输入时的具体工作过程为：

首先 CPU 通过执行 OUT 指令输送"方式选择控制字"到 8255A，设定端口 A 的工作方式为"方式 1 输入"。接着输送"端口 C 按位置 1/置 0 控制字"，使 $PC_4=1$，于是 $INTE_A=1$，允许端口 A 请求中断。当外设的选通 STB_A 信号有效（变为 0）时，来自外设的数据被装入 8255A 输入缓冲寄存器，然后使 $IBF_A=1$。而当 $INTE_A=1$ 及 $IBF_A=1$ 且 STB_A 也变为 1 时，使 $INTR_A$ 由 0 变 1，端口 A 向 CPU 发出中断请求信号。最后 CPU 响应中断，进入中断服务程序，通过执行 IN 指令对端口 A 进行读操作（RD 信号有效），将端口 A 中的数据读入 CPU。并由 RD 下降沿使 $INTR_A=0$（撤销中断请求），由 RD 上升沿使 $IBF_A=0$，接着外设又可以输入下一个数据给 8255A。

当端口 A 和端口 B 工作且方式 1 输出时，端口 C 控制信号定义情况如图 8-8 所示。

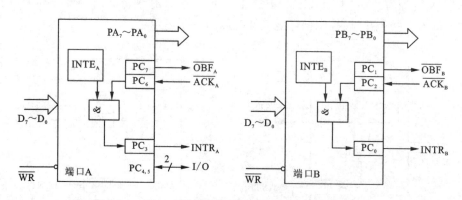

图 8-8 8255A 方式 1 输出时端口 C 控制信号定义情况

$\overline{OBF}$ 为"输出缓冲器满"信号，低电平有效，它是 8255A 输出给外设的一个控制信号。当其有效时，表示 CPU 已经把数据输出给指定端口，并通知外设把数据取走。它由写信号 WR

的上升沿置成有效(低电平),而由 ACK 信号的有效电平恢复为高电平。

ACK 为外设响应信号,低电平有效。当其有效时,表明 CPU 通过 8255A 输出的数据已经由外设接收。它是对 OBF 的回答信号。

INTR、INTE$_A$、INTE$_B$ 的定义与方式 1 输入状态相同。

方式 1 输出时 PC$_4$ 和 PC$_5$ 两位空闲未被定义,如果要利用它们,可用方式选择控制字的 D$_3$ 位来设定。

以端口 A 为例,其在方式 1 输出时的具体工作过程为:

首先 CPU 通过执行输出指令输送"方式选择控制字"到 8255A,设定端口 A 的工作方式为"方式 1 输出"。接着输送"端口 C 按位置 1/置 0 控制字",使 PC$_6$=1,于是 INTE$_A$=1,端口 A 处于中断允许状态。由于此时 CPU 还未向端口 A 写入数据,因此 OBF$_A$=1 且外设的响应信号 ACK$_A$ 也为 1。在此种条件(INTE$_A$=1、OBF$_A$=1、ACK$_A$=1)下,INTR$_A$ 输出端由低变高,端口 A 向 CPU 发出中断请求信号。此时 CPU 响应端口 A 的中断请求,通过执行输出指令(WR 信号有效)将数据写入端口 A。在写信号 WR 后沿(上升沿)的作用下,使 OBF$_A$=0,通知外设把数据取走,同时清除端口 A 的中断请求,使 INTR$_A$=0。然后外设取走数据,发出回答信号 ACK$_A$=0,并在其有效电平的作用下使 OBF$_A$=1。最后在 ACK$_A$ 有效信号结束之后(即 ACK$_A$=1),又具备了产生中断请求信号的条件(INTE$_A$=1、OBF$_A$=1、ACK$_A$=1),使 INTR$_A$ 输出端由低变高,端口 A 再次向 CPU 发出中断请求,要求输出新的数据,从而开始一次新的数据输出过程。

(3)方式 2

方式 2 也叫双向传输方式,只有端口 A 才能工作于方式 2。在方式 2,外设既可以在 8 位数据线上往 CPU 发送数据,又可以从 CPU 接收数据。当端口 A 工作于方式 2 时,端口 C 的 PC$_7$~PC$_3$ 用来提供相应的控制和状态信号,配合端口 A 的工作。此时端口 B 及端口 C 的 PC$_2$~PC$_0$ 则可工作于方式 0 或方式 1,如果端口 B 工作于方式 0,那么端口 C 的 PC$_2$~PC$_0$ 可用于数据输入/输出(I/O)。如果端口 B 工作于方式 1,那么端口 C 的 PC$_2$~PC$_0$ 用于为端口 B 提供控制和状态信号。

当端口 A 工作于方式 2 时,端口 C 控制信号定义情况如图 8-9 所示。

OBF$_A$ 为方式 2 输出操作时端口 A 的"输出缓冲器满"信号,输出低电平有效。当 OBF$_A$ 有效时,表示 CPU 已经将一个数据写入 8255A 的端口 A,并通知外设将数据取走。

ACK$_A$ 为外设对 OBF$_A$ 的回答信号,输入低电平有效。当它有效时,表明外设已收到端口 A 输出的数据。

INTE$_1$ 为输出中断允许信号。当 INTE$_1$ 为 1 时,允许 8255A 由 INTR$_A$ 向 CPU 发出中断请求信号。当 INTE$_1$ 为 0 时,则屏蔽该中断请求。INTE$_1$ 的状态由"端口 C 按位置 1/置 0 控制字"所设定的 PC$_6$ 位的内容决定。

STB$_A$ 为方式 2 输入操作时端口 A 选通信号,输入低电平有效。当它有效时,端口 A 接收外设送来的一个 8 位数据。

IBF$_A$ 为端口 A"输入缓冲器满"信号,输出高电平有效。当 IBF$_A$=1 时,表明外设的数据已送进输入缓冲器。当 IBF$_A$=0 时,外设可以将一个新的数据送入端口 A。

INTE$_2$ 为输入中断允许信号。它的作用与 INTE$_1$ 类似,其状态由"端口 C 按位置 1/置 0 控制字"所设定的 PC$_4$ 位的内容决定。

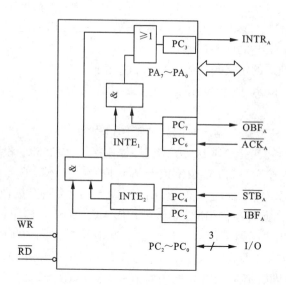

图 8-9　8255A 方式 2 端口 C 控制信号定义情况

对于 INTR$_A$（中断请求），在 INTE$_1$ = 1 和 INTE$_2$ = 1 的情况下，无论 OBF$_A$ = 1 还是 IBF$_A$ = 1 都可能使 INTR$_A$ = 1，并向 CPU 请求中断。至于如何识别中断请求是来自输入还是输出，CPU 可以通过测试 8255A 的状态字的内容来实现。

8255A 工作于方式 2 时为输入、输出所设置的应答信号线，实质上就是端口 A"方式 1 输入"和"方式 1 输出"时两组应答信号的组合。另外，端口 A 方式 2 的工作过程实际上就是端口 A"方式 1 输入"和"方式 1 输出"两种工作过程的组合。

方式 2 是一种双向传输工作方式。如果一个并行外部设备既可以作为输入设备，又可以作为输出设备，并且输入、输出动作不会同时进行，例如某些地球物理仪器模块，那么将其和 8255A 的端口 A 相连，并让它工作于方式 2 就很合适。

8.2.4　8255A 状态字

8255A 状态字为查询方式提供了状态标志位，如"输入缓冲器满"信号 IBF、"输出缓冲器满"信号 OBF。当端口 A 工作于方式 2 申请中断时，CPU 还要通过查询状态字来确定中断源。如 IBF$_A$ 位为"1"表示端口 A 有输入中断请求，OBF$_A$ 位为"1"表示端口 A 有输出中断请求。8255A 工作于方式 1 和方式 2 时的状态字是通过读端口 C 的内容来获得的。

方式 1 输入状态字格式如图 8-10 所示，A 组的状态位占有端口 C 的高 5 位，B 组的状态位占有低 3 位。但端口 C 状态字各位含义与相应外部引脚信号并不完全相同，如方式 1 输入状态字中的 D$_4$ 和 D$_2$ 位分别表示 INTE$_A$ 和 INTE$_B$，而与这两位对应的外部引脚信号分别是 STB$_A$ 和 STB$_B$；方式 1 输出状态字中的 D$_6$ 和 D$_2$ 位分别表示 INTE$_A$ 和 INTE$_B$，而相应的外部引脚信号分别为 ACK$_A$ 和 ACK$_B$。

INTE$_A$ 和 INTE$_B$ 是 8255A 的内部控制信号，是事先通过向控制口写入"端口 C 按位置 1/置 0 控制字"来设定的。一经设定就会在状态字中反映出来。方式 1 输入状态字中的 D$_7$、D$_6$ 位及方式 1 输出状态字中的 D$_5$、D$_4$ 位均标识为 I/O，表示这些位用于数据输入/输出（I/O）。

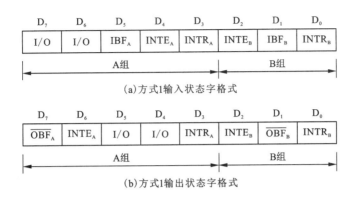

（a）方式1输入状态字格式

（b）方式1输出状态字格式

图 8-10　方式 1 状态字格式

方式 2 的状态字也是从端口 C 读取，格式如图 8-11 所示。其中有两位中断允许位，$INTE_1$ 是输出中断允许位，$INTE_2$ 是输入中断允许位，它们是利用"端口 C 按位置 1/置 0 控制字"来置位或复位的。当 B 组工作于方式 0 时，端口 C 的 $D_2 \sim D_0$ 位用于数据输入/输出。而 B 组工作于方式 1 时，端口 C 的 $D_2 \sim D_0$ 用来提供输入和输出时的状态信息。

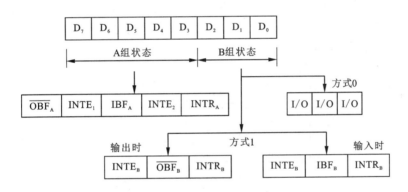

图 8-11　方式 2 状态字格式

8.2.5　伪随机多频电磁仪

伪随机多频电磁仪是根据何继善院士提出的 2^n 系列伪随机多频激电理论设计研制的电磁观测仪器。如图 8-12 所示，该仪器使用 PC/104 的并行通信口控制仪器，仪器内部采用总线结构，可通过程序调控硬件结构，增加了仪器的功能多样性和灵活性。仪器在程序控制下可实现频带宽为 1/128～8192 Hz 的 3 道单频、双道双频和单道 7 频激电观测，此外还可以实现双道可控源音频大地电磁（CSAMT）观测。

伪随机多频电磁仪由内置 PC/104 具有双向通信功能的并行打印端口来实现程序控制。根据 IEEE 1284 标准，微机并行打印端口有 5 种工作模式，其中字节模式（byte mode）也叫增强双向模式（EPP），是绝大多数微机（包括台式机、便携机及 PC/104）支持的一种通信模式。其双向的数据传送都是 8 位，数据口以半双工形式传送数据。

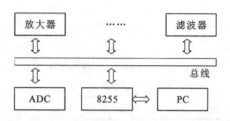

图 8-12 伪随机多频电磁仪结构框图

如图 8-13 所示，把并行打印端口数据口的 8 位数据线与 8255A 的数据总线 $D_7 \sim D_0$ 相连，控制口的 STROBE 和 AUTOFD 信号分别用作 8255A 的端口选择地址信号 A_0 和 A_1，以选择 8255A 芯片的 PA、PB、PC 及控制字，INIT 和 SELIN 信号则分别用作 8255A 的 WR 和 RD 信号。这样就把打印端口的数据口扩展出了 3 个彼此独立的双向 8 位 I/O 口，即 PA、PB 和 PC。PA 端口可以作为电磁仪的数据总线，PB 端口可以作为电磁仪的地址总线，PC 端口具有按位设置功能，所以作为电磁仪的控制总线很方便。计算机把一个数据字(地址字或控制字)送到打印端口的数据寄存器，然后通过控制寄存器的 STROBE 和 AUTOFD 位来选通一个端口(如 PB)，再把 INIT 置低电平，即 8255A 的 WR 位被置低电平，这样打印端口数据寄存器里的内容就被送到相应的总线上了。假设计算机并行打印端口的地址为 0378H，即其数据寄存器地址为 0378H，控制寄存器地址为 037AH。则计算机把一个仪器控制地址字 add_data 送往仪器地址总线的指令如下：

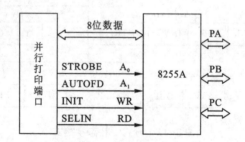

图 8-13 8255A 对并行打印端口扩展示意图

```
MOV DX, 037AH      ；将并行端口控制寄存器地址送到 DX
MOV AL, 0CDH
OUTDX, AL          ；初始化控制寄存器，INIT 与 SELIN 置高，准备 WR 信号，
                   ；AUTOFD、STROBE 分别置 0、1，选择 PB 端口
MOV DX, 0378H      ；将并行端口数据寄存器地址送到 DX
MOV AL, add_data
OUTDX, AL          ；把 add_data 送到 8255A 的数据总线上
MOV DX, 037AH
MOV AL, 0C9H
OUTDX, AL          ；把 INIT 置低，给 8255A 送低脉冲写信号
```

MOV AL，0CDH

OUTDX，AL　　　　；写信号跳高，add_data 出现在 PB 端口即仪器地址总线上

同样，通过 RD 信号控制可以把仪器总线上的数据读进计算机。并行打印端口控制寄存器相关位取值与对应的操作逻辑关系表如表 8-2 所示。

表 8-2　并行打印端口控制寄存器取值与对应的操作逻辑关系表

INIT	SELIN	AUTOFD	STROBE	对应执行操作
0	0	0/1	0/1	禁止
0	1	0	0	写 PA 口
		0	1	写 PB 口
		1	0	写 PC 口
		1	1	写控制口
1	0	0	0	读 PA 口
		0	1	读 PA 口
		1	0	读 PA 口
		1	1	禁止
1	1	0/1	0/1	空操作

8255A 的 PA 端口作为仪器数据总线，用来传输指令或数据，8 位数据一次传送，16 位数据可以分两次传送。对于某些需要串行传输的数据则可由控制程序指定其中一位来完成操作。

8255A 的 PB 端口是 8 位端口，作为仪器地址总线在仪器规模较大、功能模块较多时可能不能满足系统寻址要求，因此有必要对 PB 端口作进一步的扩展。把高 4 位经 4/16 线译码器译码后作为功能模块寻址，低 4 位用作功能模块内部器件寻址，如不够可在模块内部用译码器译码扩展。仪器的地址总线设计可实现对仪器功能模块动态寻址。这要求各功能模块有统一的端口设计，并在模块内设计有记录模块信息的 E^2PROM。系统开机后启动功能模块自动识别程序，实现系统动态寻址。

8255A 的 PC 端口是仪器控制总线，共 8 位，用于提供仪器控制的读信号（$\overline{RD}$）、写信号（$\overline{WR}$）、复位信号（RESET）、输出使能信号（$\overline{OE}$）、同步信号（SYNC）等。

有了仪器数据总线、仪器地址总线和仪器控制总线后，就可以像计算机内部各模块一样灵活地设计伪随机多频电磁仪内部的各模块，具体如图 8-14 所示。地址总线的高 4 位译码成 16 位后，每一位都对应寻址一个仪器内部的功能模块，共可以寻址 16 个模块（图中只详细给出了一个功能模块的情况）。

伪随机多频电磁仪所需的功能模块相互独立地接入仪器总线系统。为了充分利用总线的优点，各功能模块都严格按统一的规范模块化。规范主要用于对各模块接口的定义，由于模块之间不直接通信，而都与总线直接交换信息，所以各模块均以相同的接口封装，统一编址。

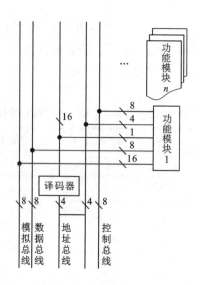

图 8-14　伪随机多频电磁仪总线示意图

接口包括数字信号接口和模拟信号接口两部分。数字信号接口输入、输出均要求具有锁存功能，以方便总线读写操作和模块工作状态的获取。模拟信号接口的设计较为简单，用两组模拟开关即可方便实现输入、输出。

　　伪随机多频电磁仪设计有信号输入选择、阻抗匹配、前置信号放大、带阻陷波、高通滤波、低通滤波、主放大器、模拟傅氏变换、AD 转换等电磁信号观测所需的功能模块。仪器开机后，系统自检，自检通过后进行系统初始化，即开始对硬件模块进行扫描，获得地址-模块映射表，并按映射表加载各模块的驱动程序。系统获得地址—模块映射表且各功能模块均成功加载驱动程序后，便可在指定的工作模式下进行多频电磁观测。

8.3　串行接口

　　与并行通信中多位数据在多条并行传输线上同时从源端传输到目的端不同的是，串行通信中多位数据是在一条传输线上一位接一位地顺序传送的。如图 8-15 所示，1 字节的 8 位数据 01001001 在并行通信中可以一次同时传输，而采用串行通信由于只有一条传输线，需要分 8 次由低位到高位依次传输。不管传输数据的位宽是多少，串行通信都只需要一条传输线。所以串行通信的一个突出优点就是节省传输线，这在远距离的数据传输时特别方便。

　　串行通信根据数据收发的不同一般有单工、半双工和全双工 3 种方式。如图 8-16 所示，单工方式下仅能进行一个方向的数据传送，即从设备 A 到设备 B。因此在单工方式下设备 A 只能作为发送器，设备 B 只能作为接收器。

　　半双工方式能在设备 A 和设备 B 之间交替地进行双向数据传送。数据可以从设备 A 传送到设备 B，也可以从设备 B 传送到设备 A，但不能同时双向进行。在设备 A 作为发送器时，设备 B 只能作为接收器。而在另一时刻设备 B 作为发送器时，设备 A 只能作为接收器。

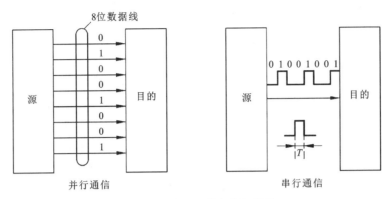

图 8-15 串行通信与并行通信

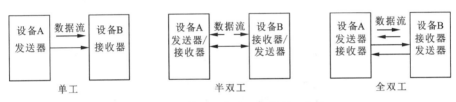

图 8-16 单工、半双工和全双工方式

全双工方式能够在两个方向同时进行数据传送。在这种方式下，设备 A 向设备 B 发送数据的同时，设备 B 也可向设备 A 发送数据。显然为了实现全双工通信，设备 A 和设备 B 必须有独立的发送器和接收器，从设备 A 到设备 B 的数据通路必须完全与从设备 B 到设备 A 的数据通路分开。这样在同一时刻当设备 A 向设备 B 发送数据时，设备 B 也可以向设备 A 发送数据。这实际上相当于两个逻辑上完全独立的单工数据通路。

不同的通信方式，数据传输的效率不同。数据传输速率定义为通信中每秒传输的二进制数的位数（比特数），也称比特率，单位为 bps（bit per second）。在通信领域还有一个描述数据传输速率的常用术语，称为"波特（Baud）"。波特率即调制速率，是指有效数据信号调制载波的速率，即单位时间内传送的码元符号的个数。它用单位时间内载波调制状态改变的次数来表示，波特率即指一个单位时间内传输符号的个数。每秒传送 1 个信号码元则传输速率为 1 波特。若每个信号码元所含信息量为 1 比特，则波特率等于比特率。若每个信号码元所含信息量不等于 1 比特，则波特率不等于比特率。在计算机中，一个信号码元为高、低两种电平，分别代表逻辑值"1"和"0"，所以每个信号码元所含信息量刚好等于 1 比特，波特率与每秒传输的二进制位数相等。因此在计算机数据传输中常将比特率称为波特率。

在串行通信中发送器需要用一定频率的时钟信号来决定发送的每一位数据所占用的时间。接收器也需要用一定频率的时钟信号来检测每一位输入数据。发送器使用的时钟信号称为发送时钟，接收器使用的时钟信号称为接收时钟。串行通信所传送的二进制数据序列在发送时以发送时钟作为数据位的划分界限，在接收时以接收时钟作为数据位的检测和采样定时。

串行数据的发送由发送时钟控制。数据发送时首先把要发送的数据(如1字节的8位数据)送入发送器中的移位寄存器,然后在发送时钟的控制下把移位寄存器中的数据串行逐位移出到串行输出线上。每个数据位的时间间隔由发送时钟周期确定。串行数据的接收由接收时钟对串行数据输入线进行采样定时。在接收时钟的每一个时钟周期采样一个数据位,并将其移入接收器中的移位寄存器,最后组合成数据字节存入系统存储器中。

若将发送(或接收)时钟直接作为移位寄存器的移位脉冲,则串行线上的数据传输速率(波特率)在数值上等于时钟频率。若把发送(或接收)时钟按一定的分频系数分频之后再用作移位寄存器的移位脉冲,则此时串行传输线上的数据传输速率数值不等于时钟频率,两者之间存在一定的比例系数关系。我们称这个比例系数为波特率因子或波特率系数。假定发送(或接收)时钟频率为 F,则 F、波特率因子、波特率三者之间在数值上存在如下关系:

$$F=波特率因子×波特率$$

当 $F=9600$ Hz 时,若波特率因子为16,则波特率为600 bps;若波特率因子为32,则波特率为300 bps。这就是说,当发送(或接收)时钟频率一定时,通过选择不同的波特率因子,即可得到不同的波特率。在实际的串行通信接口电路中,发送和接收时钟信号通常由外部专门的时钟电路提供或由系统主时钟信号分频来产生,因此发送和接收时钟频率往往是固定的,但通过编程可选择各种不同的波特率因子(例如1、16、32、64 等),从而可以得到各种不同的数据传输速率,十分灵活方便。

数据通信中为使发送和接收信息准确,发送和接收两端的动作必须相互协调配合。这种协调发送和接收之间动作的措施称为"同步"。数据传输的同步方式有异步通信方式(又称起止同步方式)和同步通信方式2种。

异步通信方式是把一个字符看作一个独立的信息传送单元,字符与字符之间的传输间隔是任意的,而每一个字符中的各位是以固定的时间传送的。在异步通信方式中,收、发双方取得同步的办法是在字符格式中设置起始位和停止位。在一个有效字符正式传送前发送器先发送一个起始位,然后发送有效字符位,最后发送一个停止位,起始位至停止位构成一帧。接收器不断地检测或监视串行输入线上的电平变化,当检测到起始位时,便知道接着是有效字符位,并开始接收有效字符;当检测到停止位时,表示字符传输结束。经过一段随机的时间间隔之后,又开始进行下一个字符的传送过程。

由于异步通信方式总是在传送每个字符的头部即起始位进行一次重新定位,所以即使收、发双方的时钟频率存在一定偏差,只要不使接收器在一个字符的起始位之后的采样出现"错位"现象,则数据传送仍可正常进行。因此,异步通信的发送器和接收器可以没有共同的时钟,通信的双方可以使用各自的本地时钟。

如图8-17所示,在串行异步通信方式中,发送1个字符需要一些附加的信息位,即1个起始位、1个奇偶校验位,以及1位、1.5位或2位停止位。这些附加的信息位本身不是有效信息,它们起到使字符成帧的"包装"作用,常称为额外开销或通信开销。假定1个字符由7位组成,传送时带有1位校验位,那么为了在异步接口上传送1个字符,就必须发送10位、10.5位或11位。因此如果我们只使用1位停止位,那么所发送的10位中只有7位是有效数据位。整个通信能力的30%成了额外开销,而且这种开销保持恒定,与发送的字符数无关。因此串行异步通信方式的通信效率较低,通常只适用于传送数据量较少或传输速率要求不高的场合。

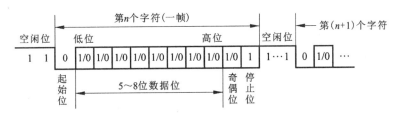

图 8-17 串行异步通信方式

要快速传输大量的数据，就要采用通信效率较高的同步通信方式。同步通信方式要求传送数据的每一位都必须在收、发两端严格保持同步，称为"位同步"。因此在同步通信方式中，收、发两端需用同一个时钟源作为时钟信号。同步通信方式传送的字符没有起始位和停止位，它不是用起始位表示字符的开始，而是用被称为同步字符的二进制序列来表示数据发送的开始。如图 8-18 所示，发送器总是在发送有效数据字符之前发送同步字符通知接收器有效数据第 1 位的到达时间。然后以连续串行的形式发送有效数据信息，每个时钟周期发送 1 位数据。接收器搜索到同步字符后，才开始接收有效数据位。所以同步传送时，字符代码间不留空隙，它严格按照固定的速率发送和接收每次传送的所有数据位。

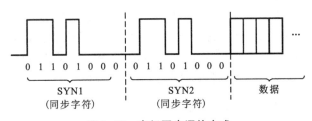

图 8-18 串行同步通信方式

同步通信方式不是通过在每个字符的前后添加"起始位"和"停止位"来实现同步，而是采用在连续发送有效数据字符之前发送同步字符来实现收、发双方的同步。同步通信方式的通信开销以数据块为基础，不管发送的数据块是大还是小，额外传送的比特数都是相同的。因此每次传送的数据块越大，其非有效数据信息所占比例越小，通信效率越高。而同步通信方式往往在传送大的数据块时工作，所以同步通信方式的效率比异步通信方式高得多，通常为 95% 以上。

为保证信息传输的正确性，还必须对传输的数据信息的差错进行检查或校正，即进行差错校验。校验是数据通信中的重要环节之一，常用的校验方法有奇偶校验和 CRC 校验 2 种。

奇偶校验是最简单、最常用的校验方法。它的基本原理是在所传输的有效数据位中附加冗余位（即校验位）。利用冗余位，使整个信息位（包括有效信息和校验位）中"1"的个数具有奇数或偶数的特性。整个信息位在线路上传输后，若原来所具有的"1"的个数的奇偶性发生了变化，则说明出现了传输差错，可由专门的检测电路检测出来。这种利用信息位中"1"的个数的奇偶性来达到校验目的的编码，称为奇偶校验码。使整个信息位"1"的个数为奇数的编码叫奇校验码，而使整个信息位"1"的个数为偶数的编码叫偶校验码。附加的信息位称为奇偶校验位,简称校验位。需要传送的数据位本身称为有效信息位。

通常可将一个校验过程分为编码和解码两个过程。如编码时发送器在某一数据发送前统计其有效信息位中"1"的个数,若为奇数,则在附加的校验位处写"1";若为偶数,则在校验位处写"0",以使整个信息位"1"的个数为偶数。例如有效信息"1011101"的偶校验码为"10111011"(最后添加1位校验位"1",使信息中"1"的个数为偶数)。

解码是指接收器在接收数据时,将接收到的整个信息位(包括校验位)经由专门的检测电路进行统计。若"1"的个数仍为偶数,就认为接收的数据是正确的。否则,表明有差错出现,需重新传送或作其他的专门处理。在目前常用的可编程串行通信接口芯片中,如果接收器检测到奇偶错,则将接口电路中状态寄存器的相应位置"1",以供CPU查询检测。

简单的奇偶校验码(例如只配一位校验位的校验码),其检错能力是很低的,它只能检查出1位出错。如果2位同时出错,则检查不出来,即失去了检验能力。这种简单的奇偶校验码没有纠错校正功能,因为它不具备对错误定位的能力,无法判定错误发生在哪一位。但是由于奇偶校验码简单易行,编码和解码电路简单,不需增加很多设备,所以它仍在误码率不高的许多场合广泛应用。

CRC校验(cyclic redundancy check)是计算机和数据通信中常用的校验方法中最重要的一种。它的编码效率高,校验能力强,对随机错码和突发错码(即连续多位产生错码)均能以较低的冗余度进行严格检错。而且它是基于整个数据块传输的一种校验方法,所以同步串行通信多采用CRC校验。CRC校验是利用编码的原理,对所要传送的二进制码序列按特定的编码规则产生相应的校验码(CRC校验码),并将CRC校验码放在有效信息之后,形成一个新的二进制序列,并将其发送出去。接收时,再依据特定的规则检查传输过程是否产生差错,如果发现有错,要求发送方重新传送或作其他专门处理。

8.3.1 可编程串行通信接口8251A

随着大规模集成电路技术的发展,多种通用的可编程同步和异步接口芯片(universal synchronous asynchronous receiver/transmitter, USART)被推出。但其基本功能结构类似,均具有串行接收、发送异步和同步格式数据的能力。这类接口片通常均包括接收和发送两部分。

发送部分能接收与暂存由CPU并行输出的数据。在异步通信方式时,将数据通过移位寄存器变为串行数据格式并添加起始位、奇偶校验位及停止位,由一条数据线发送出去。在进行同步通信时,能自动插入同步标识字符。

接收部分在异步通信方式时能把接收到的数据去掉起始位、停止位,并检查有无奇偶错,数据经过移位寄存器变为并行格式后,被送至接收缓冲寄存器,以便CPU用输入指令(IN指令)取走。在进行同步通信时,能够自动识别同步标识字符。

Intel 8251A是这类接口芯片的代表,其基本功能和特性有:

①可用于同步和异步传送。

②同步传送5~8位/字符,内部或外部同步,可自动插入同步字符。

③异步传送5~8位/字符,时钟速率为波特率的1倍、16倍或64倍,可产生中止字符,可产生1位、1.5位或2位停止位,可检测假起始位,以及自动检测和处理中止字符。

④波特率:DC~64 K(同步),DC~19.2 K(异步)。

⑤可实现全双工、双缓冲器发送和接收。

⑥有奇偶错、超越错和帧格式错等差错检测电路。

⑦全部输入、输出与 TTL 电平兼容,单一的+5 V 电源,单一 TTL 电平时钟,28 脚双列直插式封装。

如图 8-19 所示,8251A 主要有接收器、发送器、数据总线缓冲器、读写控制逻辑电路及调制解调器控制电路 5 个组成部分。各部分之间通过内部数据总线相互联系与通信。

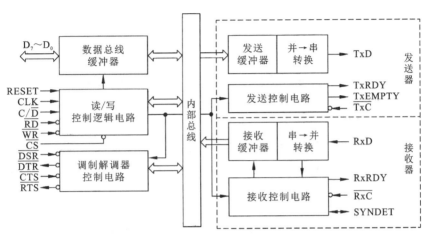

图 8-19　8251A 内部结构框图

接收器实现有关接收的所有工作。它接收在 RxD 引脚上出现的串行数据并按规定格式将其转换成并行数据,并行数据存放在接收缓冲器中等待 CPU 取走。在 8251A 工作于异步通信方式并被启动接收数据时,接收器不断对 RxD 线上的电平变化进行采样。平时没有数据传输时,RxD 线上为高电平。当采样发现有低电平时,则有可能是起始位到来,但还不能确定它是否为真正的起始位,因为有可能是干扰脉冲造成的假起始位信号。此时接收器启动一个内部计数器,其计数脉冲就是接收时钟信号。当计数到一个位周期的一半(若设定时钟频率为波特率的 16 倍,则计数到第 8 个时钟)时,如果在 RxD 线上采样仍为低电平,则认为是真正的起始位,而不是噪声干扰信号。如果此时在 RxD 线上采样为高电平,则认为出现了噪声干扰信号,而不是真的起始位。这就是 8251A 所具有的对假起始位的鉴别能力。

8251A 采样到起始位后便开始对有效数据位的采样并进行字符装配。其每隔 16 个时钟脉冲采样一次 RxD,然后将采样到的数据送至移位寄存器,经过移位操作,并经奇偶校验和去掉停止位,就得到了转换成并行格式的数据,将其存入接收缓冲寄存器。然后将状态寄存器中的 RxRDY 置"1"并在 RxRDY 引脚上输出有效信号,表示已经接收到一个有效数据字符。对于少于 8 位的数据字符,8251A 将它们的高位置"0"。

在同步接收方式下,8251A 对 RxD 线进行采样,每出现一个数据位就把它移位接收进来,然后对接收寄存器与同步字符(由初始化程序设定)寄存器进行比较。若不相等,则8251A 重复上述过程。若相等,则将状态寄存器中的 SYNDET 置"1"并在 SYNDET 引脚上输出一个有效信号,表示已找到同步字符。实现同步后,接收器与发送器之间就开始进行有效数据的同步传输。接收器不断对 RxD 线进行采样,并把接收到的数据位送到移位寄存器中。每当接收到的数据达到设定的一个字符的位数时,就将移位寄存器中的数据送到接收缓冲寄存器，并且使状态寄存器中的 RxRDY 位置"1"及在 RxRDY 引脚上输出有效信号，表示已经接收到一个数据字符。

在异步通信方式下，当控制命令寄存器中的 TxEN 位被置"1"且 CTS 信号有效时，发送器才能开始发送过程。发送器接收 CPU 送来的并行数据，加上起始位，并根据规定的奇偶校验要求(是奇校验还是偶校验)加上校验位，最后加上 1 位、1.5 位或 2 位停止位，由 TxD 输出线发送出去。

异步通信方式下发送器的另一个功能是发送中止符。中止符是通过在线路上发送连续的 0(2 帧以上)构成的。由于在异步通信方式下一帧的末尾一定是停止位 1，所以在正常发送时连续发送 0 的时间不会为 1 帧以上。因此规定若发送 0 的时间在 2 帧以上，则发送中止符。只要编程将 8251A 控制命令寄存器的 D_3 位(SBRK)置"1"，8251A 就发送中止符。8251A 也具有检测对方发送中止符的功能。当检测出中止符时，使对应的状态位置 1，并在相应的引脚上输出有效信号。

在同步通信方式下，也要在 TxEN 位被置"1"且 CTS 信号有效的情况下，才能开始发送过程。发送器首先根据初始化程序对同步格式的设定，发送一个同步字符(单同步)或两个同步字符(双同步)，然后发送数据块。在发送数据块时，如果初始化程序设定为有奇偶校验，则发送器会对数据块中每个数据字符加上奇偶校验位。

数据总线缓冲器用来连接 8251A 和系统数据总线，在 CPU 执行输入、输出指令期间，通过数据总线缓冲器发送和接收数据。此外，控制命令字和状态信息也通过数据总线缓冲器来传输。

调制解调器控制电路提供了 4 个用于与 Modem 或其他数据终端设备联接时的控制信号，即 DTR、DSR、RTS 和 CTS，通过这 4 个信号可以实现数据通信过程的有效联络与控制。

读/写控制逻辑电路用于对 CPU 输出的控制信号等的译码，以实现相应的读/写操作功能。

8.3.2 8251A 接口信号

8251A 是 CPU 与外设之间的接口电路。如图 8-20 所示，8251A 对外接口信号可大致分为 2 组：与 CPU 之间的接口信号和与外设之间的接口信号。

8251A 与 CPU 之间的接口信号可分为 4 种类型，分别为复位信号、数据信号、读/写控制信号和收发联络信号。

复位信号 RESET 引脚上出现一个 6 倍时钟宽度的高电平时，芯片被复位。复位后，芯片处于空闲状态。此空闲状态一直保持到编程设定了新状态才结束。通常将此复位端与系统的复位线相连。

数据信号 $D_7 \sim D_0$ 为双向 8 位数据线，与 CPU 的数据总线相连。这 8 位数据线不只传输普通的数据信息，也传输 CPU 写入 8251A 的控制命令及从 8251A 读取的状态信息。

读/写控制信号包括片选信号 CS、读控制信号 RD、写控制信号 WR 和控制/数据选择信号 C/D，它们的编码组合与相应的操作如表 8-3 所示。

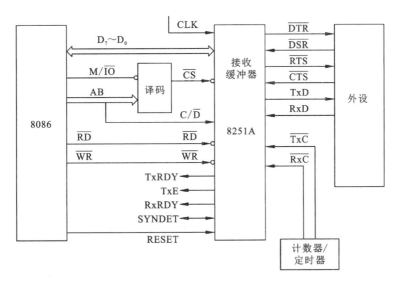

图 8-20　8251A 的对外接口信号

表 8-3　8251A 读/写控制信号逻辑表

$\overline{CS}$	C/$\overline{D}$	$\overline{RD}$	$\overline{WR}$	操作
0	0	0	1	CPU 从 8251A 读数据
0	0	1	0	CPU 往 8251A 写数据
0	1	0	1	CPU 从 8251A 读状态
0	1	1	0	CPU 往 8251A 写控制命令
0	×	1	1	$D_7 \sim D_0$ 为高阻状态
1	×	×	×	

　　片选信号是由地址信号经译码而形成的, 其为低电平时 8251A 被选中, 它可以与 CPU 相互输送数据。在未被选中的情况下, 8251A 的数据总线处于高阻状态, 读控制信号和写控制信号对芯片不起作用。

　　读控制信号低电平有效, 信号有效时 CPU 从 8251A 读取数据或状态信息。写信号低电平有效, 信号有效时 CPU 往 8251A 写入数据或控制信息。

　　控制/数据选择输入端用来决定 CPU 对 8251A 的操作是读/写数据还是读/写控制(或状态)信息。如果此输入端为高电平, 则 CPU 对 8251A 的操作是写控制字或读状态字, 否则就是读/写数据。通常将此端与地址线的最低位(A0)相连。因此 8251A 占有两个端口地址, 偶地址为数据端口, 奇地址为控制端口。

　　收发联络信号包括发送器准备好信号、发送器空信号、接收器准备好信号及同步字符或中止符检测信号。

　　发送器准备好信号 TxRDY 输出高电平有效。当 8251A 处于允许发送状态并且"发送缓冲器"为空时, TxRDY 输出高电平, 表明当前 8251A 已做好了发送准备, CPU 可以往 8251A 传送一个数据字符。在中断方式下, TxRDY 可以作为向 CPU 发出的中断请求信号。在查询方式下, TxRDY 作为状态寄存器中的一个状态位, 供 CPU 检测。

发送器空信号 TxE 输出高电平有效, 表示发送器中"输出移位寄存器"为空。在同步通信方式下, 若 CPU 不能及时输出一个新字符给 8251A, 则 TxE 变为高电平, 同时发送器在数据输出线上插入同步字符, 以填补传输空隙。TxE 也是状态寄存器中的一位状态信息。

接收器准备好信号 RxRDY 输出高电平有效, 表明 8251A 已经从串行输入线接收了一个数据字符, 且正等待 CPU 取走。所以在中断方式时, RxRDY 可作为向 CPU 发出的中断请求信号。在查询方式下, RxRDY 作为状态寄存器中的一个状态位, 供 CPU 检测。

同步字符或中止符检测信号 SYNDET/BRKDET 表示已找到同步字符或中止字符, 用来实现同步。

8251A 与外设之间的接口信号有数据终端准备好信号、数据装置准备好信号、请求发送信号、允许发送信号、接收器时钟、发送器时钟、接收数据和发送数据。

数据终端准备好信号 DTR 向外设输出, 低电平有效, 表示数据终端设备已准备就绪。它可由软件设置, 控制命令字中 D_1 位置"1"时, 则输出有效信号。

数据装置准备好信号 DSR 由外设输入, 低电平有效, 表示外设已经准备好。它实际上是对 DTR 的回答信号。信号有效时, 使状态寄存器的 D_7 位(DSR 位)置"1", 所以 CPU 通过对状态寄存器的读取操作, 可实现对该信号的检测。

请求发送信号 RTS 向外设输出, 低电平有效, 表示数据终端设备准备发送数据。它可由软件设置, 当控制命令字 D_5 位置"1"时, 输出有效信号。

允许发送信号 CTS 由外设输入, 低电平有效, 表示允许数据终端设备发送数据。它实际上是对 RTS 的响应信号。

接收器时钟 RxC 和发送器时钟 TxC 分别为数据接收器和发送器提供时钟信号。

接收数据 RxD 和发送数据 TxD 分别用于接收外设的数据输入和向外设输出数据。

8.3.3　8251A 编程

8251A 的编程包括规定工作方式和发出操作命令。规定工作方式用来设定 8251A 的一般工作特性(如异步通信方式或同步通信方式、字符格式、传输速率等), 它是通过 CPU 向 8251A 输出"方式选择控制字"来实现的。操作命令用来指定 8251A 的具体操作(如发送器允许、接收器允许、请求发送等), 它是通过 CPU 向 8251A 输出"操作命令字"来实现的。

如图 8-21 所示, 方式选择控制字用以规定 8251A 的工作方式, 它必须紧跟复位操作之后由 CPU 写入。

方式选择控制字最低两位 B_2B_1 确定采用同步通信方式还是异步通信方式。$B_2B_1 = 00$ 时为同步通信方式, $B_2B_1 \neq 00$ 时为异步通信方式, 并由 B_2B_1 的 3 种代码组合设定时钟频率为波特率的 1 倍(×1)、16 倍(×16)或 64 倍(×64)。

方式选择控制字 L_2L_1 用以确定每个字符的数据位数目。EP 和 PEN 用以确定奇偶校验的性质。S_2S_1 在同步通信方式($B_2B_1 = 00$)和异步通信方式($B_2B_1 \neq 00$)时的含义不同, 异步时用以规定停止位的位数, 同步时用以确定是内同步还是外同步, 以及是单同步字符还是双同步字符。

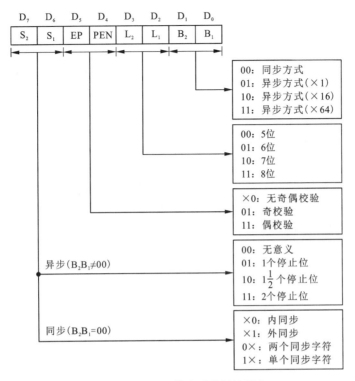

图 8-21 8251A 的方式选择控制字

如图 8-22 所示，操作命令控制字直接让 8251A 实现某种操作或进入规定的工作状态，它只有在设定了方式选择控制字后，才能由 CPU 写入。

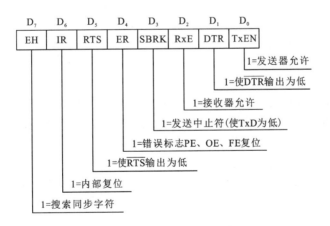

图 8-22 8251A 的操作命令控制字

操作命令控制字 TxEN 位是发送器允许(启动)位，TxEN = 1 时发送器才能通过 TxD 线向外部串行发送数据。DTR 位是数据终端准备好信号控制位，DTR = 1 时引线输出有效信号。RxE 位是接收器允许位，RxE = 1 时接收器才能通过 RxD 线从外部串行接收数据。SBRK 位是发送中止符位，SBRK=1 时通过 TxD 线连续发送"0"信号（2 帧以上），正常通信过程中 SBRK 位应保持为"0"。ER 位是清除错误标志位，ER=1 时将状态寄存器中的 PE、OE 和 FE 三个错误标志位同时清"0"。RTS 位是请求发送信号控制位，RTS=1 时引线输出有效信号。IR 位是内部复位控制位，IR=1 时使 8251A 复位，并回到接收方式选择控制字的状态。EH 位只对同步通信方式有效，EH=1 时表示开始搜索同步字符，因此对于同步通信方式，一旦设置接收器允许（RxE=1），必须同时设置 EH=1。

方式选择控制字与操作命令控制字都是由 CPU 作为控制字写入 8251A 的，写入时的端口地址是相同的。为了不在 8251A 内造成混淆，8251A 采用了对写入次序进行控制的办法来区分两种控制字。在复位后写入的控制字，被 8251A 认为是方式选择控制字，此后写入的是操作命令控制字，且在芯片再次复位以前所有写入的控制字都是操作命令控制字。

CPU 可在 8251A 工作过程中利用输入指令（IN 指令）读取当前 8251A 的状态字，从而检测接口和数据传输的工作状态。

如图 8-23 所示，状态字 PE 位是奇偶错标志位，PE=1 表示当前出现了奇偶校验错，但该位不会中止 8251A 的工作。

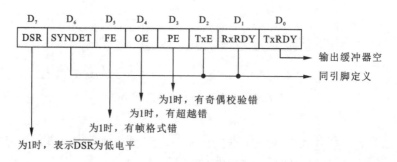

图 8-23 8251A 的状态字

状态字 OE 位是"超越错"标志位，OE=1 表示当前出现了"超越错"，即 CPU 尚未来得及读走上一个字符而下一个字符又被接收进来时产生的差错。该位不中止 8251A 继续接收下一个字符，但上一个字符将被丢失。

状态字 FE 位是"帧格式错"标志位，它只对异步通信方式有效。FE=1 表示出现了"帧格式错"，即在异步通信方式下当一个字符结束而没有检测到规定的停止位时产生的差错，该位也不中止 8251A 的工作。

上述三个差错标志位可用操作命令字中的 ER 位复位。

状态字 RxRDY=1 表示接收器准备好，表明 8251A 已经从串行输入线接收了一个数据字符，正等待 CPU 取走。

状态字 TxE=1 表示发送器中"输出移位寄存器"为空。

状态字 SYNDET/BRKDET=1 表示已找到同步字符或中止字符位。

状态字 DSR 位是数据通信设备准备好状态位，DSR=1 表示外设已处于准备好状态，此时 DSR 输入信号有效。

状态字 TxRDY 位是发送准备好状态位，它与输出引脚 TxRDY 的含义有所不同。TxRDY

状态位为"1"表示当前发送缓冲器已空，而 TxRDY 输出引脚为"1"表示除发送缓冲器已空外，还需要以 CTS＝0 和 TxEN＝1 为条件。在数据发送过程中，TxRDY 状态位与 TxRDY 引脚的状态总是相同的。通常 TxRDY 状态位供 CPU 查询，而 TxRDY 引脚的输出信号作为对 CPU 的中断请求信号。

如图 8-24 所示，8251A 的编程初始化应在复位操作之后，先通过方式选择控制字对其工作方式进行设定。如果设定 8251A 为异步通信方式，则必须在输出方式选择控制字之后再通过操作命令字对有关操作进行设置，才可进行数据传送。在数据传送过程中，也可使用操作命令字进行某些操作设置或读取 8251A 的状态。在数据传送结束时，若使用 IR 位为"1"的内部复位命令使 8251A 复位，则 8251A 又可重新接收方式选择控制字，从而改变工作方式，完成其他传送任务。当然也可在一次数据传送结束后不进行内部复位、不改变工作方式，而仍按原来的工作方式进行下一次数据传送。

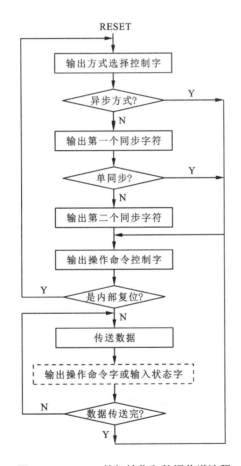

图 8-24　8251A 的初始化和数据传送流程

如果设定 8251A 工作于同步通信方式，那么在输出方式选择控制字之后应紧跟着输出一个同步字符(单同步)或两个同步字符(双同步)，然后输出操作命令字，后面的操作过程与异步通信方式相同。

例如，设定 8251A 工作于异步通信方式，波特率因子为 64，每字符 7 个数据位，偶校验，2 位停止位，则方式选择控制字为 11111011B = FBH。然后使 8251A 的发送器允许、接收器允许，使状态寄存器中的 3 个错误标志位复位，使数据终端准备好信号 DTR 输出低电平，则操作命令控制字为 00010111B = 17H。若 8251A 的端口地址为 50H、51H，则上述初始化程序如下：

MOV AL, 0FBH

OUT 51H, AL   ;输出方式选择控制字"11111011"

MOV AL, 17H

OUT 51H, AL   ;输出操作命令字"00010111"

CPU 执行上述程序之后，即完成了对 8251A 异步通信方式的初始化编程。

8.3.4 串行接口地球物理仪器

有很多早期的地球物理仪器，如高密度电法仪、浅层地震仪及隧道超前地质预报仪等，数据采集部分采用简单的单片机控制，仪器主控部分则采用以便携式计算机为上位机的形式来实现。在这种形式下，上、下位机之间往往采用串行接口通信来传输控制指令和观测数据等。

利用 8251A 可以很方便地实现上、下位机之间的通信，如图 8-25 所示，将上、下位机的发送数据线 TxD 与接收数据线 RxD 交叉扭接，并将两边的信号地连接起来即可。

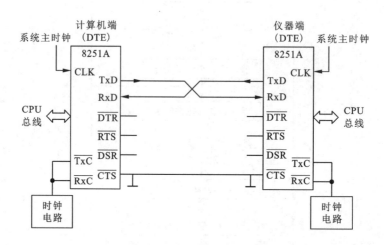

图 8-25 计算机与仪器端通信连接示意图

计算机与仪器端可进行半双工或全双工通信。CPU 与接口之间可按查询方式或中断方式进行数据传送。

如采用半双工通信、查询方式，异步传送发送端初始化及控制程序如下：

START: MOV DX, 8251A 控制端口地址

MOV DX, 0D007H;

MOV AL, 00H

OUT DX, AL

```
OUT DX, AL
OUT DX, AL                  ；连续 3 次写入 00H
MOV AL, 40H                 ；内部复位命令
OUT DX, AL
MOV AL, 7AH                 ；方式选择字：异步通信方式, 7 位数据, 1 位停止位
OUT DX, AL                  ；偶校验, 波特率因子 16
MOV AL, 11H                 ；操作命令字：发送器允许, 错误标志复位
OUT DX, AL
MOV SI, 发送数据块首地址
MOV CX, 发送数据块字节数
NEXT：MOV DX, 8251A 控制端口地址
IN AL, DX                   ；读状态字
TEST AL, 01H                ；查询状态位 TxRDY 是否为 1
JZ, NEXT                    ；发送未准备好, 则继续查询
MOV DX, 8251A 数据端口地址
MOV AL, [SI]                ；发送准备好, 则从发送区取 1 个字节数据发送
OUT DX, AL
INC SI                      ；修改地址指针
LOOP NEXT                   ；如未发送完则继续发送
HLT
```

接收端初始化及控制程序如下：

```
BEGIN：MOV DX, 8251A 控制端口地址
MOV DX, 0D007H;
MOV AL, 00H
OUT DX, AL
OUT DX, AL
OUT DX, AL                  ；连续 3 次写入 00H
MOV AL, 40H                 ；内部复位命令
OUT DX, AL
MOV AL, 7AH                 ；方式选择字
OUT DX, AL                  ；偶校验, 波特率因子 16
MOV AL, 14H                 ；操作命令字
OUT DX, AL
MOV SI, 接收数据块首地址
MOV CX, 接收数据块字节数
L1：MOV DX, 8251A 控制端口地址
IN AL, DX                   ；读状态字
TEST AL, 02H                ；查询状态位 RxRDY 是否为 1
JZ, L1                      ；接收未准备好, 则继续查询
```

```
        TEST AL, 08H           ; 检测是否有奇偶校验错
        JNZ ERR                ; 有奇偶校验错则转错误处理程序
        MOV DX, 8251A 数据端口地址
        IN AL, DX              ; 接收准备好, 则接收 1 个字节数据
        MOV[DI], AL            ; 存入数据区
        INCDI                  ; 修改地址指针
        LOOPL1                 ; 如未接收完则继续接收
        HLT
```

8251A 初始化时, 在对其输出方式选择控制字之前必须使其处于复位状态, 但在实际使用中, 不一定能够确保此时 8251A 处于复位状态。因此在写入方式选择控制字之前, 应先对 8251A 进行复位操作。而当使用内部复位命令(40H)对 8251A 进行复位操作时, 又必须使其处于准备接收操作命令字的状态。为此, Intel 手册建议在写入内部复位命令(40H)之前向 8251A 连续写入 3 次 00H 的引导操作(均写入控制口中)。

在第一次写入 00H 时, 如果 8251A 处于准备接收操作命令控制字的状态, 则 00H 被解释成操作命令字, 但它和后续写入的两个 00H 均不会产生任何具体操作。如果第一次写入 00H 时, 8251A 处于准备接收方式选择控制字的状态(即已处于复位状态), 则 00H 将被解释成设定同步通信方式(因为最低 2 位为 00)、两个同步字符(因为最高 2 位为 00), 所以后续写入的两个 00H 将作为两个同步字符被接收。在双同步通信方式下, 写完两个同步字符后即进入"输出操作命令控制字"的流程, 此时刚好可以写入内部复位命令(40H), 之后即可正确写入方式选择控制字。

附　录

附录 A　DOS 功能调用（INT 21H）

AH 调用号	功能	入口参数	出口参数
00H	程序终止	CS＝程序段地址	
01H	键盘输入并回显		AL＝输入的字符
02H	显示输出	DL＝显示的字符	
03H	串行设备输入		AL＝输入的字符
04H	串行设备输出	DL＝输出的字符	
05H	打印输出	DL＝输出的字符	
06H	直接控制台 I/O	DL＝0FFH（输入请求） DL＝字符（输出请求）	AL＝输入的字符
07H	键盘输入（无回显）		AL＝输入的字符
08H	键盘输入检测		AL＝输入的字符
09H	显示字符串	DS：DX＝串地址 ' $ '结束字符串	
0AH	键盘输入字符串	DS：DX＝缓冲区首地址 （DS：DX）＝缓冲区字符数	
0BH	检查键盘状态		AL＝00 无按键 AL＝0FFH 有按键
0CH	清除输入缓冲区并执行指定的标准输入功能	AL＝功能号 （01/06/07/08/0AH） DS：DX＝缓冲区（0AH 功能）	AL＝输入的数据 （功能 01/06/07/08）
0DH	初始化磁盘状态		
0EH	选择缺省的驱动器	DL＝驱动器号(0＝A,1＝B,…)	AL＝逻辑驱动器数
0FH	打开文件	DS：DX＝FCB 首址	AL＝00 成功, 0FFH 失败
10H	关闭文件	DS：DX＝FCB 首址	AL＝00 成功, 0FFH 失败
11H	查找第一匹配目录	DS：DX＝FCB 首址	AL＝00 成功, 0FFH 失败
12H	查找下一匹配目录	DS：DX＝FCB 首址	AL＝00 成功, 0FFH 失败

续表

AH 调用号	功能	入口参数	出口参数
13H	删除文件	DS：DX=FCB 首址	AL=00 成功，0FFH 失败
14H	顺序读	DS：DX=FCB 首址	AL=00 成功，01 文件结束，02 缓冲区太小，03 缓冲区不满
15H	顺序写	DS：DX=FCB 首址	AL=00 成功，01 盘满，02 缓冲区太小
16H	创建文件	DS：DX=未打开的 FCB 首址	AL=00 成功，0FFH 目录区满
17H	文件换名	DS：DX=被修改的 FCB 首址	AL=00 成功，0FFH 未找到目录项或文件重名
18H	保留未用		
19H	取缺省驱动器号		AL=驱动器号(0=A，1=B，...)
1AH	设置磁盘缓冲区 DTA	DS：DX=磁盘缓冲区首址	
1BH	取缺省驱动器的磁盘格式信息		AL=每簇的扇区数 CX=每扇区的字节数 DX=数据区总簇数-1 DS：BX=介质描述字节
1CH	取指定驱动器的磁盘格式信息	DL=驱动器号(0—缺省，1—A，...)	AL=每簇的扇区数 CX=每扇区的字节数 DX=数据区总簇数-1 DS：BX=介质描述字节
1DH	保留未用		
1EH	保留未用		
1FH	取缺省驱动器的 DPB		DS：BX=DPB 首址
20H	保留未用		
21H	随机读一个记录	DS：DX=打开的 FCB 首址	AL=00 成功，01 文件结束，02 缓冲区太小，03 缓冲区不满
22H	随机写一个记录	DS：DX=打开的 FCB 首址	AL=00 成功，01 盘满，02 缓冲区太小
23H	取文件大小	DS：DX=未打开的 FCB 首址	AL=00 成功，0FFH 失败
24H	设置随机记录号	DS：DX=打开的 FCB 首址	
25H	设置中断向量	AL=中断号 DS：DX=中断程序入口	
26H	创建新的 PSP	DS：DX=新的 PSP 段地址	

续表

AH 调用号	功能	入口参数	出口参数
27H	随机读若干记录	DS：DX=打开的 FCB 首址 CX=要读入的记录数	AL=00 成功，01 文件结束 AL=02 缓冲区太小 AL=03 缓冲区不满 CX=读入的块数
28H	随机写若干记录	DS：DX=打开的 FCB 首址 CX=要写入的记录数	AL=00 成功，01 盘满 AL=02 缓冲区太小 AL=03 缓冲区不满 CX=已写的块数
29H	分析文件名	AL=分析控制标记 DS：SI=要分析的字符串 ES：DI=未打开的 FCB 首址	AL=00 未通配符，01 有通配符， 0FFH 驱动器字母无效 ES：DI=未打开的 FCB
2AH	取系统日期		CX=年（1980—2099） DH=月，DL=日，AL=星期 （0=星期日）
2BH	置系统日期	CX=年，DH=月，DL=日	AL=00 成功，0FFH 失败
2CH	取系统时间		CH=时（0~23），CL=分，DH= 秒，DL=百分之几秒
2DH	置系统时间	CX=时，分；DX=秒，百分秒	AL=00 成功，0FFH 失败
2EH	设置/复位校验开关	AL=0 关闭，1 打开	
2FH	取磁盘传输地址 DTA		ES：BX=DTA 首地址
30H	取 DOS 版本		AL，AH=DOS 主、次版本
31H	结束并驻留	AL=返回码，DX=内存大小	
32H	取指定驱动器的 DPB		DS：BX=DPB 首址
33H	取或置 Ctrl-Break 标志	AL=0—取，1—置；DL=标志	DL=标志（取功能） 0—关；1—开
34H	取 DOS 中断标志		ES：BX=DOS 中断标志
35H	取中断向量地址	AL=中断号	ES：BX=中断程序入口
36H	取磁盘的自由空间	DL=驱动器号（0—缺省,1—A）	AX=FF 驱动器无效 其他每簇扇区数 BX=自由簇数 CX=每扇区字节数 BX=文件区所占簇数
37H	取/置参数分隔符 取/置设备名许可标记	AL=0—取分隔符，1—置分隔 符，DL=分隔符，2—取许可标 记，3—置许可标记，DL=许可 标记	DL=分隔符（功能 0） DL=许可标记（功能 2）

续表

AH 调用号	功能	入口参数	出口参数
38H	取国家信息	DS：DX＝缓冲区首地址	
39H	创建子目录	DS：DX＝路径字符串	CF＝0 成功，1 失败，AX＝错误码
3AH	删除子目录	DS：DX＝路径字符串	CF＝0 成功，1 失败，AX＝错误码
3BH	设置子目录	DS：DX＝路径字符串	CF＝0 成功，1 失败，AX＝错误码
3CH	创建文件	DS：DX＝带路径的文件名 CX＝属性（1—只读，2—隐蔽，4—系统）	CF＝0 成功，AX＝文件号 CF＝1 失败，AX＝错误码
3DH	打开文件	DS：DX＝带路径的文件名 AL＝方式（0—读，1—写，2—读写）	CF＝0 成功，AX＝文件号 CF＝1 失败，AX＝错误码
3EH	关闭文件	BX＝文件号	CF＝0 成功 CF＝1 失败，AX＝错误码
3FH	读文件或设备	BX＝文件号 CX＝字节数	CF＝0 成功 DX：AX＝新的指针位置
40H	写文件或设备	DS：DX＝缓冲区首址	CF＝1 失败，AX＝错误码
41H	删除文件	DS：DX＝带路径的文件名	CF＝0 成功，1 失败，AX＝错误码
42H	移动文件指针	AL＝方式（0—正向，1—相对，2—反向） BX＝文件号，CX：DX＝移动的位移量	CF＝0 成功，DX：AX＝新的文件指针 CF＝1 失败，AX＝错误码
43H	取/置文件属性	AL＝0—取，1—置；CX＝新属性； DS：DX＝带路径的文件名	CX＝属性（功能 0，1—只读，2—隐蔽，4—系统，20H—归档）
44H	设备输入/输出控制：设置/取得与打开设备的句柄相关联信息，或发送/接收控制字符串至设备句柄	AL＝0/1—取/置设备信息 2/3—读/写设备控制通道 4/5—同功能 2/3 6/7—取输入/输出状态 BX＝句柄（功能 0~3，6~7） BL＝驱动器号（功能 4~5） CX＝字节数（功能 2~5） DS：DX＝缓冲区（功能 2~5）	CF＝0 成功 DX＝设备信息（功能 0） AL＝状态（功能 6/7，0—未准备，1—准备） AX＝传送的字节数（功能 2~5）
45H	复制文件号（对于一个打开的文件返回一个新的文件号）	BX＝文件号	CF＝0 成功，AX＝新文件号 CF＝1 失败，AX＝错误码
46H	强行复制文件号	BX＝现存的文件号，CX＝第 2 文件号	CF＝0 成功，1 失败 AX＝错误码

续表

AH 调用号	功能	入口参数	出口参数
47H	取当前目录	DL=驱动器号 DS：SI=缓冲区首址	CF=0 成功，1 失败 AX=错误码
48H	分配内存	BX=所需的内存节数	CF=0 成功，AX=分配的段数，CF=1 失败，AX=错误码，BX=最大可用块大小
49H	释放内存	ES=释放块的段值	CF=1 失败，AX=错误码
4AH	修改分配内存	ES=修改块的段值 BX=新长度(以节为单位)	CF=1 失败，AX=错误码 BX=最大可用块大小
4BH	装载程序 运行程序	AL=0—装载并运行，1—获得执行信息，3—装载但不运行 DS：DX=带路径的文件名 ES：BX=装载用的参数块	CF=1 失败，AX=错误码
4CH	带返回码的结束	AL=进程返回码	
4DH	取由 31H/4CH 带回的返回码		AL=进程返回码 AH=类型码(0—正常结束，1—由 Ctrl-Break 结束，2—由严重设备错误而结束，3—由调用 31H 而结束)
4EH	查找第一个匹配项	DS：DX=带路径的文件名 CX=属性	CF=1 失败，AX=错误码
4FH	查找下一个匹配项		CF=1 失败，AX=错误码
50H	建立当前的 PSP 段地址	BX=PSP 段地址	
51H	读当前的 PSP 段地址		BX=PSP 段地址
52H	取 DOS 系统数据区首址		ES：BX=DOS 数据区首址
53H	为块设备建立 DPB	DS：SI=BPB，ES：DI=DPB	
54H	取校验开关设定值		AL=标志值(0—关，1—开)
55H	由当前 PSP 建立新 PSP	DX=PSP 段地址	
56H	文件换名	DS：DX=带路径的旧文件名 ES：DI=带路径的新文件名	CF=1 失败，AX=错误码
57H	取/置文件时间及日期	AL=0/1—取/置，BX=文件号 CX=时间，DX=日期	CF=0 成功，CX=时间，DX=日期

续表

AH 调用号	功能	入口参数	出口参数
58H	置/取内存分配策略码	AL=0/1（取/置） BX=策略码	AX=策略码，成功 AX=错误码，失败
59H	取扩充错误码		AX=扩充错误码 BH=错误类型 BL=建议的操作 CH=错误场所
5AH	建临时文件	CX=文件属性 DS：DX=ASCII 串地址	AX=文件代号，成功 AX=错误码，失败
5BH	建新文件	CX=文件属性 DS：DX=ASCII 串地址	AX=文件代号，成功 AX=错误码，失败
5CH	控制文件存取	AL=00—封锁，01—开启 BX=文件代号 CX：DX=文件位移 SI：DI=文件长度	AX=错误码，失败
62H	取程序段前缀地址		BX=PSP 地址

注：AH=0~2E 适用 DOS 1.0 以上版本；AH=2F~57 适用 DOS 2.0 以上版本；AH=58~62 适用 DOS 3.0 以上版本。

附录 B   BIOS 中断调用

INT 号	AH	功能	入口参数	出口参数
10H	00H	设置显示方式	AL=00H~13H	不同的显示方式
10H	01H	设置光标形态	(CH)$_{0-3}$=光标起始行 (CL)$_{0-3}$=光标结束行	
10H	02H	设置光标位置	BH=页号 DH, DL=行, 列	
10H	03H	获取光标位置与形态	BH=页号	CH=光标起始行 DH, DL=行, 列
10H	04H	获取光笔位置		AH=0/1(光笔未/已触发) CH=像素行, BX=像素列 DH=字符行, DL=字符列
10H	05H	设置显示页	AL=页号	
10H	06H	滚动当前页(向上)	AL=行数(0—全窗口空白) BH=滚入行属性 CH=左上角行号 CL=左上角列号 DH=右下角行号 DL=右下角列号	
10H	07H	滚动当前页(向下)	AL=行数(0—全窗口空白) BH=滚入行属性 CH=左上角行号 CL=左上角列号 DH=右下角行号 DL=右下角列号	
10H	08H	读取光标处字符与属性	BH=显示页	AH=属性, AL=字符
10H	09H	光标处显示字符与属性	BH=显示页 AL=字符, BL=属性 CX=字符重复次数	
10H	0AH	更改光标处字符	BH=显示页 AL=字符 CX=字符重复次数	
10H	0BH	设定彩色调色板	BH=彩色调色板 ID BL=和 ID 配套使用的颜色	

续表

INT 号	AH	功能	入口参数	出口参数
10H	0CH	写像素	DX=行(0~199) CX=列(0~639) AL=像素值	
10H	0DH	读像素	DX=行(0~199) CX=列(0~639)	AL=像素值
10H	0EH	显示字符(光标前移)	AL=字符 BL=前景色	
10H	0FH	获取当前显示模式		AH=字符列数 AL=显示方式
10H	13H	显示字符串	ES：BP=串地址 CX=串长度 DH，DL=起始行，列 BH=页号 AL=0/1/2/3	
11H	—	设备检验		$(AX)_0=1$，配有磁盘 $(AX)_1=1$，80287 协处理器 $(AX)_{4\sim5}$，显示器参数 $(AX)_{6\sim7}$，软盘驱动器数 $(AX)_{9\sim11}$，RS232 端口数 $(AX)_{12}$，游戏适配器 $(AX)_{13}$，串行打印机 $(AX)_{14\sim15}$，打印机数
12H	—	测定存储器容量		AX=字节数(KB)
13H	02H	读磁盘	AL=扇区数 CH，CL=磁盘号，扇区号 DH，DL=磁头号，驱动器号 ES：BX=数据缓冲区地址	读成功：AH=0 AL=读取的扇区数 读失败：AH=出错代码
13H	03H	写磁盘	AL=扇区数 CH，CL=磁盘号，扇区号 DH，DL=磁头号，驱动器号 ES：BX=数据缓冲区地址	写成功：AH=0 AL=写入的扇区数 写失败：AH=出错代码
13H	04H	检验磁盘扇区		成功：AH=0 AL=检验的扇区数 失败：AH=出错代码

续表

INT 号	AH	功能	入口参数	出口参数
13H	05H	格式化盘磁道	ES：BX=磁道地址 AL=交替（Interleave） CH=柱面 DH=磁头 DL=驱动器 00H~7FH—软盘 80H~0FFH—硬盘 ES：BX=地址域列表的地址	成功：AH=0 失败：AH=出错代码
13H	06H	格式化坏磁道	AL=交替 CH=柱面 DH=磁头 DL=80H~0FFH—硬盘 ES：BX=地址域列表地址	成功：AH=0 失败：AH=状态代码
13H	07H	格式化驱动器	AL=交替 CH=柱面 DL=80H~0FFH—硬盘	成功：AH=0 失败：AH=状态代码
13H	08H	读取驱动器参数	DL=驱动器 00H~7FH—软盘 80H~0FFH—硬盘	失败：AH=状态代码 成功：BL=01H — 360 KB 　　　 =02H — 1.2 MB 　　　 =03H — 720 KB 　　　 =04H — 1.44 MB CH=柱面数的低 8 位 $(CL)_{6\sim7}$=柱面数 $(CL)_{0\sim5}$=扇区数 DH=磁头数 DL=驱动器数 ES：DI=磁盘驱动器参数表地址
14H	00H	初始化串行通信口	AL=初始化参数 DX=通信口号 AL=初始化参数	AH=通信口状态 AL=调制解调器状态
14H	01H	向串行通信口写字符	AL=字符 DX=通信口号	写成功：$(AH)_7=0$ 写失败：$(AH)_7=1$ $(AH)_{0\sim6}$=通信口状态

续表

INT 号	AH	功能	入口参数	出口参数
14H	02H	从串行通信口读字符	DX＝通信口号	读成功：$(AH)_7=0$ 　　　　$(AL)=$字符 写失败：$(AH)_7=1$ $(AH)_{0\sim6}=$通信口状态
14H	03H	取通信口状态	DX＝通信口号	AH＝通信口状态 AL＝调制解调器状态
15H	02H	磁带分块读	ES：BX＝数据传输区地址 CX＝字节数	AH＝状态字节 AH＝00（读成功） 　＝01（冗余检验错） 　＝02（无数据传输） 　＝04（无引导）
15H	03H	磁带分块写	DS：BX＝数据传输区地址 CX＝字节数	AH＝状态字节 AH＝00（读成功） 　＝01（冗余检验错） 　＝02（无数据传输） 　＝04（无引导）
16H	00H	从键盘读字符		AL＝字符码(ASCII 码) AH＝扫描码
16H	01H	读键盘缓冲区字符		ZF＝0：AL＝字符码 　　　　AH＝扫描码 ZF＝1(缓冲区空)
16H	02H	读键盘状态字节		AL＝键盘状态字节
17H	00H	打印字符 回送状态字节	AL＝字符 DX＝打印机号	AH＝打印机状态字节 $(AH)_7$—打印机空闲 $(AH)_6$—打印机响应 $(AH)_5$—无纸 $(AH)_4$—打印机被选 $(AH)_3$—I/O 错误 $(AH)_2$—保留 $(AH)_1$—保留 $(AH)_0$—打印机超时
17H	01H	初始化打印机 回送状态字节	DX＝打印机号	AH＝打印机状态字节
17H	02H	取状态字节	DX＝打印机号	AH＝打印机状态字节
1AH	00H	读时钟		CH：CL＝时：分 DH：DL＝秒：1/100 秒

续表

INT 号	AH	功能	入口参数	出口参数
1AH	01H	置时钟	CH：CL=时：分 DH：DL=秒：1/100 秒	
1AH	02H	读实时钟		CH：CL=时：分 DH：DL=秒：1/100 秒 （均为 BCD 码格式）
1AH	04H	读取日期		CH=世纪 CL=年 DH=月 DL=日 （均为 BCD 码格式）
1AH	05H	设置日期	CH=世纪 CL=年 DH=月 DL=日 （均为 BCD 码格式）	

参考文献

［1］ 王克义. 微机原理［M］. 2 版. 北京：清华大学出版社，2020.

［2］ 白中英，戴志涛. 计算机组成原理［M］. 6 版. 北京：科学出版社，2022.

［3］ 周荷琴，冯焕清. 微型计算机原理与接口技术［M］. 6 版. 合肥：中国科学技术大学出版社，2019.

［4］ 王忠民. 微型计算机原理［M］. 4 版. 西安：西安电子科技大学出版社，2021.

［5］ Kip R. Irvine. Intel 汇编语言程序设计［M］. 4 版. 北京：清华大学出版社，2005.

［6］ 陈光军. 微型计算机原理及应用［M］. 北京：机械工业出版社，2017.

［7］ 王霆. 微型计算机原理及应用［M］. 哈尔滨：哈尔滨工业大学出版社，2011.

［8］ 吴宁. 微型计算机原理及应用［M］. 4 版. 北京：电子工业出版社，2019.

［9］ 吴宁，闫相国. 微型计算机原理与接口技术［M］. 5 版. 北京：清华大学出版社，2022.

［10］Abel P. IBM PC Assembly Language and Programming［M］. 5th Edition. London：Prentice Hall，2006.

图书在版编目(CIP)数据

微机原理与地球物理仪器接口／崔益安,王璞,肖建平编. —长沙:中南大学出版社,2023.11
ISBN 978-7-5487-5607-1

Ⅰ. ①微… Ⅱ. ①崔… ②王… ③肖… Ⅲ. ①微型计算机－接口技术－应用－地球物理观测仪器－教材 Ⅳ. ①TH762-39

中国国家版本馆 CIP 数据核字(2023)第 205984 号

微机原理与地球物理仪器接口
WEIJI YUANLI YU DIQIU WULI YIQI JIEKOU

崔益安 王 璞 肖建平 编

□责任编辑	刘小沛	
□责任印制	唐 曦	
□出版发行	中南大学出版社	
	社址:长沙市麓山南路	邮编:410083
	发行科电话:0731-88876770	传真:0731-88710482
□印　　装	长沙艺铖印刷包装有限公司	

□开　　本	787 mm×1092 mm 1/16	□印张 12.25	□字数 300 千字	
□版　　次	2023 年 11 月第 1 版	□印次 2023 年 11 月第 1 次印刷		
□书　　号	ISBN 978-7-5487-5607-1			
□定　　价	55.00 元			
